貓咪獨樂樂生活指南

KATZE ALLEIN ZU HAUS

海克・葛羅特古 Heike Grotegut ◎著

吳文祺 ◎譯

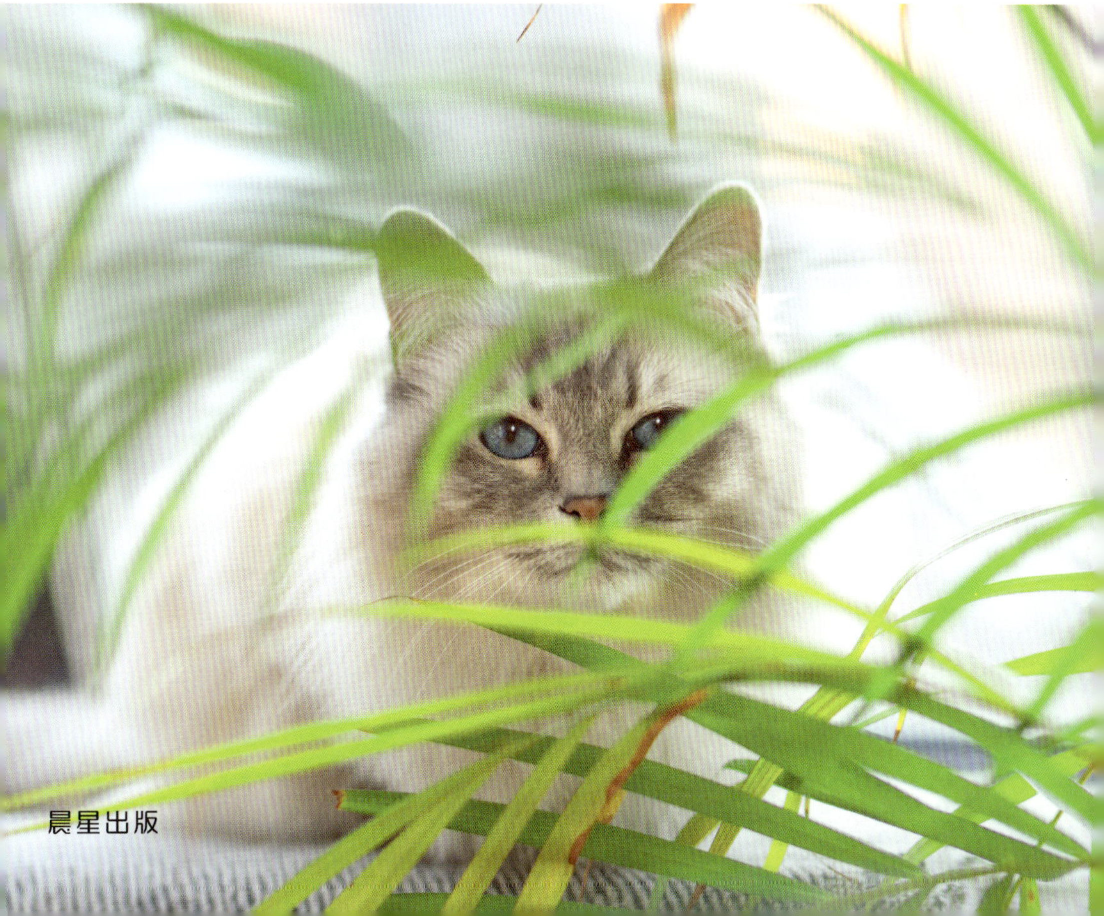

晨星出版

4　讓家越來越有趣

7　讓貓住得更開心

8　歡迎來到夢鄉之地
12　讓家變得更安全
18　進來我的小屋
22　更喜歡不尋常的生活
26　為自己的決定承擔後果
34　嘗試用更舒適的方式

41　歡迎回家

42　貓的爪子整天都在抓
48　貓式滿足
54　咕嚕咕嚕的喝水聲
58　歡迎來到綠色世界

63 永恆的樂趣

64　獨立的自娛者
70　孤獨時的玩具

81 就像在天堂一樣

82　徒勞的抵抗
86　不可缺少的玩具
88　手作特製逗貓棒！

94　附加參考資料
97　讓貓保持幸福和健康的八項建議

讓家越來越有趣

和無聊說再見：具有挑戰性的玩具、令人興奮的景觀、軟綿綿又舒適的休息地點，還有迎合貓咪獨特偏好的小窩，這些東西保證能給我們的貓帶來無限趣味和幸福感。

獨自在家時

你是否有時也會想知道，當我們的貓大部分的時間獨自在家時，牠們究竟都在做些什麼？牠們是否會坐在窗邊長達數小時、渴望及等待主人的歸來，但卻又同時陷入百無聊賴之中？還是牠們會把家裡弄得亂七八糟，以尋求些許生活中的刺激？又或者牠們是否會飽受饑餓的痛苦，從而在家裡翻牆走壁、四處蹦跳呢？

相信上述應該是許多貓主人都曾有過的疑惑。我們接著繼續來看看，以下現象是否也曾出現在你身上：當你外出工作或不在家時，每當想起貓獨自在家，你是否會因此感到內疚或良心不安呢？你是否會想迫不及待趕快回家，看看家裡的木製地板是否一切安好？甚至有時候，每當我們晚上必須再次出門，這是否也會讓你感到壓力呢？如果你對以上任何一種情況深感共鳴，希望這本書可以幫助你將你的內疚感及良心不安轉化為滿足喜悅甚至是成就感，更希望這本書能幫助你更加理解你的貓。

告別憂鬱

當我們不在家的時候，我們的貓其實就只能獨自待在家裡，家裡通常不會有太多「奇特」的事情發生，但對於像貓這樣聰明的生物來說，隨著獨處的時間拉長，必定會有感到無聊沉悶的時候。為了打發無聊，貓會開始變得很有創意，比如說，那些一直以來被掛在架子上且毫不起眼的東西，一旦被牠們用爪子輕輕碰觸，瞬間都能變成令貓興奮的獵物。廚房紙巾肯定會被撕成碎片，因為從貓好鬥的性格來看，牠們最喜歡有一起打鬧的對象。窗簾則會引誘貓進行驚險的攀爬，因為這能讓牠們從更高的角度欣賞令人驚歎且從未見過的周圍環境。可想而知，廁所衛生紙也會被捲成一地，因為對貓來說，捲成一地的衛生紙是一種既美妙又柔軟、舒適的小窩，貓最喜歡這種可以完美藏身其中的地方。

有些貓會因為無聊而過度進食，然而隨著時間的推移，貓肯定會變得越來越胖，最終可能導致健康和心理問題。也有一些貓，每當感到身體不適就會過度舔毛，最終導致脫毛，或是變得極具攻擊性。貓還會因為無聊導致一些特有的行為，比如亂撒尿以標記地盤、無意間用爪子亂抓東西，又或是做出尋求主人注意力的舉動等等，最嚴重的情況還包括因無聊產生的憂鬱症。

但其實這一切都是可以避免的。請相信，為我們的貓預防無聊，其實非常簡單！

讓家越來越有趣　5

　　本書中向大家介紹的許多想法、建議都是可以快速又簡單地使用家裡常見的物品來實現，這些物品當然包括我們已經準備要丟入舊衣回收箱的衣物或是即將作為垃圾處理掉的東西。

　　還是提醒，這些我們最喜愛的寵物，每隻都是獨一無二的個體，就像我們每個人都如此獨特，因此本書中提供的建議或想法，並非全部都會受到貓咪們的垂愛，但還是想鼓勵大家閱讀本書中的建議，讓每一頁的點子激發你產生更多的靈感。最重要的是，一起和你的貓探索出最適合他們的活動吧！

　　最後，我想誠摯祝福你和你的貓在試驗、探索、玩耍和共同放鬆的所有過程中，你們都能玩得開心、樂在其中！

快速了解

當你開始實踐本書中所介紹的 DIY 項目時，這些手作究竟有多簡單或多困難呢？你可以在每一項 DIY 的說明指南中看到「困難程度」的標示。

難度等級：

簡單　　　　　中等　　　　　困難

對貓來說，這是一處冒險遊樂場：柔軟、舒適且令貓興奮！
但對主人來說，這不過是一捲廁所衛生紙。

讓貓住得更開心

歡迎來到夢鄉之地

有句義大利諺語:「Dolce far niente.」意思是「甜美的懶散」。這句話是描述,當我們看到一隻酣睡的貓,發自內心產生的美好感覺。應該沒有比睡著的貓更惹人憐愛!我的貓在中午睡個懶覺,天底下應該沒有比這更美好的事⋯⋯

貓是需要大量睡眠的動物,牠們一天中有長達三分之二的時間處於無所事事的狀態。貓總是懂得享受放鬆,即便有時候牠們會在看起來不那麼舒適的地方進行一些難度極高、甚至是雜耍程度的姿勢,這些姿勢可能連苦行僧或特技演員也望塵莫及。貓的睡姿與牠們各自的喜好有關,有些貓喜歡仰臥著睡,讓自己睡在一個顛倒的世界裡,這其實沒有特別原因,就只因為牠們喜歡以仰躺的方式酣睡。貓受到高度讚揚的固執,也顯現在牠們如何選擇休息的地點:一個免費的空披薩盒往往會比一個昂貴的貓枕更具吸引力。

保持安靜

貓的性格其實很像獵人:牠們會潛伏、悄悄接近獵物,接著牠們會迅速撲向目標,或是做出跳躍、攀爬等各種動作。貓可以隨時隨地都在執行獵人的工作,不受時間和空間的限制,即便只是在家中玩耍,貓也會貫徹骨子裡的獵人性格,哪怕和貓一起玩的對象只是一個玩具。在玩耍過程,貓會非常專注,腎上腺素會飆升,身體也會消耗大量能量,就算只是短暫在家中上演狩獵戲碼,也是如此。

對貓來說,最好的充電方式無疑是小睡一會兒。除了恢復體力,牠們的大腦還會針對剛經歷的事情進行額外的認知處理,也就是對過去的經歷進行思考、理解和情感上的處理,如此一來,貓在睡醒後才會感到精力充沛,並且準備好迎接新的喧囂。

吃過東西後,貓喜歡來一段消化小憩,享受美好的打盹時光。饑餓的胃會讓一些貓變得具有攻擊性,牠們會用警告性的拍打聲,或是用粗暴甚至惡劣的行為來提醒主人,牠們迫切需要進食。

每隻貓都有自己獨特的睡眠需求,取決於年齡、健康狀況、季節和當前的生活條件等因素。總是生活在室內、沒有特定事情要做的貓,比在外靠自己狩獵的貓睡得更多。年幼的小貓需要非常多的睡眠,刺激的冒險、有趣的遊戲和所有學到的新東西都需要在睡夢中加以處理和消化。當小貓打盹,牠們會補充了新的力量,以進行更多令人著迷的探險。

年長的貓不必再透過冒險來證明自己,年長的貓也非常珍惜在溫暖、舒適、愜意的地方進行充分的小憩。

讓我們一起嘗試讓生活變得更加簡單！
通常只要一些簡單的東西，就能讓我們的毛茸茸室友產生偏愛。

請你務必友善，千萬不要喚醒正在睡覺的貓。這可能會讓牠們感到壓力，畢竟反觀我們人類，有誰會喜歡被粗暴地從睡夢中叫醒呢？

毛茸茸小伙伴的夢幻場所

對貓來說，當陰沉的日子或是潮濕又寒冷的時光來到，究竟該如何度過呢？最舒適的方式就是窩在溫暖又愜意的地方，像是靠近暖爐，再搭配一條舒適的毯子，又比如柔軟的枕頭也絕對會受到貓青睞。

值得紀念

有一隻名叫 Towser 的貓，在蘇格蘭威士卡釀酒場 Glenturret 工作將近 24 年。在這段時間裡，據說牠捕殺整整 28,988 隻老鼠，創下世界紀錄！

這隻斑紋貓不僅入選《金氏世界紀錄大全》，而且在釀酒廠的園區內，還特地豎立一座刻有銘文的紀念碑，來紀念 Towser 牠的豐功偉業。

當外面天氣炎熱，涼爽的地方就會受到貓的熱烈歡迎。喜歡安靜又腳步輕盈的貓，特別喜歡溫和的微風或是涼爽的瓷磚地板。一般來說，貓在冬天比夏天睡得更多。

除了季節因素，一天的不同時段也會影響休息地點的選擇。貓在白天睡覺的地方肯定跟晚上不同。一般來說，乾燥、溫暖又柔軟的地方較受貓的青睞。尤其是用容器作為休息地點，總是可以讓貓喜愛到不行，只要自己的身體能勉強塞得進去，一切都不是問題。動物的感受如果越缺乏安全感，牠們就越會尋找充分受到保護的地方來休息。難怪家裡的貓總是對紙箱愛不釋手。請記得，有些貓只有在極為隱蔽的藏身之處才能完全放鬆下來，比如床下的箱子或櫃子。許多貓都喜歡在一個安全又受到掩護的地方觀察一切：可能是沙發底下或桌子下，也可能是一個提供完美的全景視野的高處，這些地方都能夠讓貓觀察們到每一個微小的變化。貓是擅長伏擊和潛行的天生獵手，因此對貓來說，密切觀察周圍環境十分重要，畢竟牠們永遠不知道下一個獵物會出現在哪裡，也不知道下一個獵物何時會現身引誘牠們。當然，貓也會非常仔細地觀察和研究牠們的「罐頭開啟者」，也就是身為主人的我們。

通常，一隻貓最喜愛的隱蔽空間也會被其他貓所接受，彼此之間共享安寧與愜意。然而，如果有貓出現試圖佔領這個小天地的行為，其他貓也會毫不猶豫地進行防衛。

霍拉舞大師

貓擁有一種十分可靠的時間感。牠們會按照固定的時間表完成所有事情，包括巡視地盤、覓食、小睡，當然還包括進食和遊戲。

這種精心安排的時間管理帶來了一些好處，其中之一就是，彼此之間能夠更有效地共用有限的資源，在地盤裡共用相同路徑的貓，會各自在不同的時間使用地盤上的路徑，如此就不會互相干擾或擋道。

貓是「藍調時刻」的動物，意思是牠們最活躍的時刻是在清晨和黃昏，也就是一天中太陽剛升起和將落下的時刻，這時候天空呈現淡淡的光

令人驚訝的是，貓雖然需要透過睡眠來恢復體力，但卻不會因為睡著而錯過太多事情，即使在睡夢中，牠們依舊保持警惕。

線，天地之間呈現尚未完全明亮或尚未完全暗下來的狀態。

由於貓的獵物通常在「藍調時刻」出沒活動，因此貓自然也會利用這些時段來進行狩獵。除了遵循牠們自己的生活節奏，也會習慣人類的生活節奏，並相應地調整自己的生活；白天和夜間大部分的時間都是不用狩獵的空檔，因此非常適合用來睡覺，來恢復體力。從實務的層面來看，貓的這項習性非常適合我們人類的作息時間，白天的我們都是在外工作或外出辦事，晚上則是我們的睡覺時間。每當人類不在家，貓會用這些時間來睡覺，既能讓自己恢復體力，還能讓自己放鬆。在主人和自己的生活作息中找到平衡，並將這兩個時間軸巧妙地融合在一起，這種獨特能力是貓高智商的標誌。當你饑餓和疲憊地回到家，毛茸茸的小伙伴們已經精神飽滿且充滿活力，還會渴望主人能和自己玩上一會兒。世界就是如此不公平。當你在家的時候，就是一起玩耍的時候、一起冒險的時候，當然還包括一起親昵的時候，但天底下應該沒有比這更美好的時刻吧？

時間一到就進入夢鄉

貓在睡覺的時候，不同的階段會交替進行，在長達 15 到 30 分鐘的淺眠階段中，貓可以立即醒來並做出反應。通常我們可以從牠們的身體姿勢看出一些端倪，耳朵保持豎立、眼睛通常呈現半開，同時還會對周圍的聲音直接做出反應，這些都是牠們在野外生活遺留下的痕跡，畢竟生活在野外，時刻都必須保持警惕，不容錯過任何一個獵物。在持續 5 到 8 分鐘的深度睡眠階段，身體處於待機模式，肌肉在這時候會呈現放鬆狀態，耳朵不再豎立，也許爪子可能偶爾會動一下，但大腦仍然保持活躍。另外，貓的眼睛會在閉上的眼皮後方快速移動，因此這個階段又稱作「快速動眼期（rapid-eye-movement, REM）」。科學家認為，貓在這個階段會做夢；如果你曾經觀察過自己的貓處於這個階段，應該都不會懷疑這一點。

沙龍貓的溫暖小窩

室內飼養的貓在野外生存時不會成群結隊。當面臨危險，貓必須獨自想辦法讓自己到安全的地方，並且需要自行應對困難及挑戰，就算受傷也必須在毫無支援的情況下獨自克服。在這樣的世界裡，謹慎小心遠比寬容仁慈更為重要。有鑒於此，貓會徹底檢查在牠們的環境中所有能夠逃生或可藏身的地方，而且貓絕對具有在任何地方找到藏身之處的能力。

毫無疑問，你的貓在探索家庭地盤的過程中，肯定也會好奇地探索各個洞穴、管道、較大的裂縫等地方，並特別喜歡躲進紙箱、紙袋、攜帶運動裝備的袋子或櫃子的抽屜裡，這種行為被稱為「縫隙傾向（德語：Spaltenappetenz）」，這個專有名詞想要傳遞的概念正是貓的「隱蔽欲」。不管是什麼款式的「洞穴」，這些地方都能為牠們提供所需的庇護和安全。

讓家變得更安全

無論是獨自進行的娛樂活動，還是讓自己放鬆一下的休憩區域，又或者是在家中地盤悠哉閒晃，上述所有的情況，貓都會按照自己的規則來進行，而且這些規則絕對都會結合樂趣和安全。

無邊無際的自由？

貓會劃定自己的地盤。牠們也期待人類能夠了解和尊重這一點。我們的毛茸茸室友需要界限，完全無限制的自由絕對不符合貓的性格。但是，時不時地挑戰禁忌、探測現有框架，並對限制提出異議，這些都是貓的典型行為。這些越界行為都是有意識的挑釁。但別擔心，這時候如果我們堅定不移，堅守該有的原則，緊張的態勢通常就能很快解決。

例如，並不是家裡的每個房間都必須對貓永久開放。當然，前提是我們已經提供貓足夠的空間。貓在室外的地盤也可能隨時會受到限制，像是活動空間被其他貓或動物佔領，或是剛好室外有新的建築工程。一扇關著的門必然會促使我們的貓產生好奇心，進而做出一些舉動，以探究被鎖上的大門背後究竟藏有什麼樣的秘密，如果你家有不讓貓進入的空間，牠們肯定會抓住機會仔細檢查和潛伏。對貓而言，這是一種打破日常生活中的單調與無聊最簡單的方式。

永不離開我的貓

貓是何時與人類建立親密關係？根據考古挖掘，在塞普勒斯一座有著9,500年歷史的墓葬，當中發現一隻貓的遺骸。在這個墓穴裡，一隻貓就躺在距離一位年輕男子不到四十公分的地方，不論是貓還是年輕男子都被儀式性地朝向西方放置。然而，當時塞普勒斯還未普遍出現家貓，因此這隻貓有可能是史上第一隻與人類建立關係的貓。

有安全的家，就足夠幸福了

德語裡有一句諺語「Neugier ist der Katze Tod.」，中文意思是「好奇心會害死貓」。這句老話指的是貓對周圍所有的藏身處、各個區域或物品，總是懷有難以抑制的好奇心想要去探索。對牠們來說，最好還能實地爬進去或鑽出來，以便更能深入地探究一切。這也是為何你的貓隨時都有可能把家裡搞得天翻地覆！與貓共同生活時，我們必須隨時做好心理準備來應對

在貓的世界裡,紙袋所發出的沙沙聲極具吸引力。
窩在紙袋裡,貓可以好好地觀察周圍環境,還不會輕易被發現。

我們的貓,因為牠們會在最奇怪的地方突然驚喜出現。對貓來說,任何藏身處都不奇怪,再小的手提包也都不是問題。報紙或毛毯都是經常被用來作為藏身之處的物品,紙盒則是最常見的躲藏之處。

在貓的世界裡,由紙袋所發出的沙沙聲極具吸引力,窩在紙袋裡,貓可以好好地觀察周圍環境,而且還不會輕易被發現。

當你準備好應對這一切,沒有什麼是不可能。雖然在現實生活中,我們無法預測所有的風險,但至少有一些事情是我們可以預先設想或察覺。讓我們盡可能做好防範,確保貓獨自在家玩耍、打盹或巡視地盤時是安全的。

以下是一些小建議:

窗戶、門:使用擋板或某些特定的裝置來防止家裡的門或窗猛然被關上。當你不在家,請確保關閉所有窗戶,也建議要為家裡的傾斜式窗戶安裝「傾斜窗保護器」,這種裝置可以防止貓或其他小動物跌到窗外或意外受傷,同時還能保持室內通風。迄今,每年依舊有大量的貓因為「傾斜窗綜合症(德語:Kippfenster- Syndrom)」而受傷,甚至因此痛苦死亡。

馬桶:馬桶蓋務必保持蓋上,因為幼貓可能會不慎跌入並淹死,而成年貓可能會因為水中的某些添加劑而中毒身亡。

植物:請確保家中所有植物對貓皆不具毒性,包括花束。葉子、花瓣、莖、花粉甚至是花水都可能導致嚴重的中毒(引用文獻可參閱 P94)。

花瓶、花盆：請確保花瓶和花盆穩固站立，不會因為倒下而摔碎。碎片很有可能會傷害貓。

藥物：請務必將藥品，放置在貓絕對碰觸不到的地方。含有乙醯胺酚、布洛芬、阿司匹林或雙氯芬酸等成分的止痛藥物，這些化學物質對貓同樣有毒。其他還需要注意的藥物也包括口服避孕藥（或避孕藥片）、甲狀腺激素、乙型交感神經接受體阻斷劑（用於治療心臟病）、用於治療注意力缺陷（ADHD）的藥物及抗憂鬱藥物。

清潔劑：請將家用清潔劑存放在貓無法觸及的地方，像廁所清潔劑或管道清潔劑這樣的濃縮產品可能會導致化學性灼傷。經常用於清潔劑的松香或柑橘油，這些東西也都會引起諸多問題，對貓造成嚴重危害，最嚴重的情況包含器官損傷。

除霜劑、除冰劑：此物對貓具有致命危險，請務必將容器全部鎖好，存放在貓無法接觸到的地方。若有從容器中濺出來的零滴，請徹底擦拭乾淨。

食品和享樂用的食物：某些食物對貓來說是有毒的，以下僅列舉部分對貓有害的常見食品：蝦夷蔥（細香蔥）、洋蔥、葡萄和葡萄乾、巧克力和可可、酪梨、捲心菜、萊果，還包括含有核或種子的水果，比如杏子、歐洲李或桃子。其他食物還包括生的馬鈴薯、茄子、番茄、澳洲堅果、菸草、肉豆蔻、酒精、咖啡或茶，還有大量的大蒜。食用生豬肉也可能造成感染假性狂犬病（又稱奧耶茲基氏病）的風險，該病毒可能導致不可治癒的腦炎或脊髓發炎症。由於貓經常進行徹底的梳理，當貓在舔腳或舔毛髮，都有可能攝入有毒物質。

條狀物及類似物品：請妥善收拾好長線、橡皮筋、繩索、毛線球、禮品緞帶、鞋帶、附有長繩的逗貓棒或類似物品，並放置在貓平時無法接觸到的地方。貓很容易被這些小又長的物品所吸引，但這些東西都可能讓貓在玩耍時被纏入其中，導致勒斷肢體或被勒死。如果貓不小心吞下這些東西，則會導致胃扭轉、胃部被纏繞或腸部梗阻的風險。胃扭轉會導致食物和氣體無法順利在體內通過，造成嚴重的疼痛和疾病。

袋子：如果是紙袋，請剪斷或移除提帶。動物可能會被提帶纏繞，然後在驚慌、試圖掙脫時受傷。塑膠袋存在諸多風險，當貓好奇地檢查這個「洞穴」，會導致窒息的危險，尤其如果塑膠袋被分解、咬碎或部分吞下，也都是極度危險，所以請立即將塑膠袋從貓的活動範圍中完全移除。

各種「洞穴」：最好將洗衣機、烘乾機、洗碗機或帶鎖的櫥櫃永遠保持關閉。如果貓不經意地鑽進這些地方，甚至因此被鎖在裡面，最壞可能會導致貓窒息。關閉前，請務必先仔細檢查內部是否有貓。

罐頭：已開啟的罐頭邊緣，很有可能會傷害貓的舌頭。此外，如果貓把頭伸進罐頭裡，很有可能會無法從中掙脫。這是一種令人悲傷又痛苦至極的命運，偏偏饑餓的流浪貓經常遭受這樣的悲劇。因此，將垃圾回收前，請務必將罐頭的金屬片折疊成較小的形狀，降低傷害貓的風險。

小型物品：請務必妥善保存好那些很可能會讓貓不小心吞嚥的小物件，像是縫紉針、圖釘或別針等。

讓家變得更安全　15

電線、插座：尤其是幼貓最喜歡啃咬電線。請使用適當的包裹或設有兒童保護裝置的特殊插座來保護家裡的貓。

燙衣板、熨斗：請不要讓熨衣設備在無人監管的情況下隨意亂放。並非每個熨衣板都能承受貓的跳躍，這些熨衣板都可能會折疊起來，導致貓擠壓受傷或擦傷，最嚴重會造成骨折。不只要注意熨衣板，晾衣架也可能導致類似的情況。

垃圾桶：有一些貓會受到垃圾吸引，因此會到處翻找垃圾，然而不同材質的垃圾都藏著不同危險。最好使用有蓋子、讓貓完全無法進入的垃圾桶，杜絕貓接觸到垃圾的可能性。

電暖爐：請務必留心一件事，那就是阻止貓靠近電暖爐，特別是電暖爐正在使用時。可以在電暖爐前面放置物品阻擋，或是將貓隔絕在別的空間，以免貓不慎觸碰而燙傷。

陽台：每年有太多的貓不幸從陽台或打開的窗戶墜落而受傷。絕對不要相信「貓有卓越的平衡感」這樣的傳說，也不要以為多年來什麼事情都沒有發生就可以掉以輕心。一隻飛過的鳥或蝴蝶都可能隨時會引發貓的狩獵本能，而一個大的聲響都可能會讓貓受到驚嚇而失去平衡，又或者放置在陽台上的箱子，都有可能在貓跳上去的時候因不穩固，導致意外發生。並非每隻貓都會在跌落後，還能平安無事地用四隻腳瞬間站穩，因此請考慮在陽台的欄杆上安裝「貓咪保護網」，藉此確保牠們的安全。

熱源：最好將裝有水的鍋子放在剛使用完、仍然還很燙的瓦斯爐上，這樣就可以避免貓接觸到發燙的爐具。

窗簾、捲簾：如果家裡有室內百葉窗，請不要讓百葉窗的簾繩自由擺動，因為貓很有可能因為好奇或貪玩而被纏繞，最終造成嚴重的傷害。原則上，有線繩的窗簾絕對會引起貓想要玩耍的興致，但這些線繩隨時都存在勒死貓的風險。

項圈：貓可能會被項圈勒住頸部而窒息。試圖掙脫項圈可能會造成口腔和爪子嚴重受傷。

穩固性：搖晃的貓跳台或小傢俱絕對會被貓嫌棄。最糟糕的情況是牠們可能會翻倒這些不穩固的東西而讓自己受傷。

逗貓棒：像這些帶有繩子的玩具，請記得，這些東西只能在人類和貓一起玩時使

通常只需運用非常簡單的方法，我們就能為毛茸茸的室友提供安全和幸福的生活。

用。在其他時刻，請將這些東西放在貓無法碰觸到的地方，以防止貓在家獨自玩耍時被纏住，最嚴重的情況很可能導致窒息。

老實說，雖然要注意的事情看起來很多，但別擔心，當你和貓相處的時間越長，就越能了解牠們的習性，也就越能夠適當地保護好你的貓和你的家。

徜徉在幸福的家

你肯定也有這樣的經驗：前些天購買一個爆款的貓枕，然後充滿期待地趕回家，並先入為主地認為，這個為貓提供放鬆的新選擇，絕對會讓貓感到更加舒適，甚至會讓貓感到更加幸福。你在房間裡用心擺放新買的睡枕，然後你的貓也的確很配合你的想像，不一會兒工夫，你的貓就馬上躺上去你剛購買的睡枕，進入美好的夢鄉。這也太令人開心了！這不就是我嚮往中期待已久的畫面嗎？但然後呢？僅一眨眼的工夫，貓就毫不猶豫地朝著紙箱走去，偏偏這些紙箱還是你已經搬到家門外、準備要拿去回收的垃圾！如果你曾經也面臨這樣的錯愕，請不要為此苦惱：絕對不是只有你有過這樣的經驗，畢竟每隻貓都有自己獨特的品味，你想像中的美好並未被貓買單，但說也奇怪，偏偏這種固執又難以捉摸的貓性格，正是我們愛貓愛到無法自拔的原因。其實貓會選擇自己喜歡的地方來休息，而品味這種東西向來是無法爭論。

墊高的視野提供一個安全的觀察位置，並非所有的動物都像貓，能爬到這麼高的地方。

以下是一些小建議：

美景：注視窗外的環境可以提供無盡的娛樂時間。因此，在貓的生活裡，窗邊的空位絕對不可或缺。家裡的走廊通常不會有任何有趣的事情可以讓貓觀察，所以如果你把貓的休息處設置在家裡的走廊，這樣休息區通常是不受青睞。

視野轉換：請務必為你的貓提供不同高度的放鬆地點。貓喜歡在不同的高度、用不同的姿勢和視角來觀察世界。為貓創造不同高度的休息地，這其實也是在擴大牠們的生活空間。

各種「小窩」：請你在沙發、床或工作區附近放置休息墊或是讓貓可以鑽進去的小窩。如果你的貓特別喜歡待在你的視線範圍內，你更應該為牠們多準備一些休息墊，讓貓可以在家中各處陪伴你。我們可以在沙發扶手上或是床上放一條毯子或毛

巾，這樣就足以讓貓愛不釋手。

受保護的視角：貓喜歡可以讓牠們鑽進去躲藏的地方，像是高處有凹陷處的地方就很受歡迎。家中牆壁上若有高高的邊緣可供貓爬上爬下或休息，這些地方也很吸引貓，因為讓貓完美地隱藏，就如同有一句格言：「我看不見你，你也看不見我。」

多多益善：如果家裡有可以讓貓觀察四周又安全、隱蔽的空間或設施，這樣的地方或裝置越多越好。如此一來，不論你的貓是偏愛哪種風格，也不論你的貓處於什麼樣的心情，牠們都能得到滿足。別擔心，你不必在家中每個角落都設有專屬貓的傢俱，在你家還是可以有拒絕貓進入的地方。話雖如此，每隻貓至少應該有兩個專屬區域，儘管這些地方可能會在不同的時段由貓咪們共同使用。

迷人的氣味：如果你家的貓喜歡貓薄荷或纈草（又稱作歐緬草、貓食菜），可以悄悄地在新的貓墊、貓枕上或新的貓洞裡放一些。這會吸引貓更想要「征服」這些地方。

良好的視野：接近天花板的貓跳台可以大幅豐富貓的生活，前提是貓跳台必須穩固、安全，並且放置在有趣的地方，也就是那些貓經常出沒的地方。貓跳台提供貓攀爬的機會，擴大貓的生活空間。此外，身處高處的貓可以保持對周圍情況的全面掌握，以便更好地了解周圍的情況。即使是貓之間發生衝突，貓跳台也能提供好處，即使對峙的對手比自己更強大，位於高處的貓顯然會感到更具有優勢。放在偏遠角落裡的貓跳台，如果無法提供貓有趣又有吸引力的景觀，貓是絕對不會想要去使用的。

所以測試一下你家的貓有什麼樣的喜好吧！隨著時間的推移，你一定會知道牠們最喜歡什麼。當你不在家的時候，毛茸茸的小伙伴們除了需要良好的休息處和景觀，最好還要有適合牠們的玩具（關於安全和玩具內容，可參閱 P69）。當我們已經確定，家裡的貓過得很好，而且受到良好保護，這樣就足以讓我們安心又踏實，從此就可以跟內疚或擔憂說再見！

困難的轉變

相信每個人一定都看過那些要從樹上把貓救下來的新聞。你是否會納悶，為什麼貓爬得上去卻下不來呢？攀爬、跳躍對貓來說不是小事一樁嗎？但身手矯健的貓也並非「來去自如」，就比如「往下爬」這件事，可是把所有貓都難倒。

松鼠向下爬的時候會將後腳向外翻，並將後腳稍微向後伸，長而彎曲的爪子可以提供良好的支撐，讓松鼠順利向下爬行，但貓無法像松鼠一樣做到這一點，因為貓爪是向內彎曲的鉤狀，前爪負責向上攀爬、後爪負責支撐。當貓要從高處下來時，前後爪就無法勾住止滑，這正是多數貓會乾脆從高處「跳」下來，而不是「爬」下來的原因。

基於上述原因，貓必須學習如何折返，比如爬到樹上之後再折返回地面。對貓來說，這是一種本能上不習慣的過程，起初肯定會讓牠們感到迷茫與不安，不知道行進方向。然而，一旦貓習得這樣的能力，在往後的生活裡就能良好發揮，除非是貓自己的恐懼阻礙牠們的學習與進步。

進來我的小屋

貓和洞穴是一段偉大又永恆的愛戀,這來自主人對貓的愛。我們可以用很簡單的方法,巧妙地將對貓的愛體現在生活中,而這些方法通常都簡單到令人出乎意料。

說實話,在我們這些愛貓人士當中,每個人至少在一生中都曾為毛茸茸的小伙伴們購買過一些用於放鬆、休憩的東西,哪怕在我們眼裡,我們從未真心覺得這些貓物品好看。儘管如此,我們仍然被這些貓物品吸引。但這還不是最糟的,更糟糕的是,買回家之後,貓完全無視這些東西的存在,對許多愛貓人士而言,這才是徹頭徹尾的失敗,完全是錯誤購物。

貓其實有自己的想法,對舒適、便利性和使用時的愉悅程度都有非常獨特的見解。你的貓可能喜歡一個破舊的紙箱勝過一切,而別人的貓則是對不起眼的腳踏墊視若珍寶。

如果你願意親自動手,為貓設計各式牠們所需的傢俱,除了可以為貓提供適合且多樣的選擇,也可以將廢棄物或舊物品重新加工,這是保護環境永續的一項行動。你甚至可以從一開始就將貓咪傢俱設計成你個人喜愛的風格和模樣。

舊紙箱或不再穿的T恤其實都可以在你的手中重現生機,這些東西甚至還可以提供貓愜意又溫馨的時光。

一件被淘汰的T恤和舊衣架,經過巧思和手作,變成一個全新又令貓興奮的貓窩。

貓窩

所需材料

› 1個紙箱,紙箱的尺寸必須適合你的貓
› 1件不再穿的T恤,尺寸大小必須足以包覆整個紙箱
› 剪刀
› 布膠帶(可從五金行或文具店購買)或環保包裝膠帶(五金行)

製作方法

1. 將紙箱頂部的蓋子向內折,接著將已經準備好的 T 恤套在紙箱上,並調整好 T 恤和紙箱的位置,使 T 恤的領口與紙箱的開口處重疊,T 恤的袖子分別位於紙箱的左右兩側。T 恤的領口處將作為貓進入紙箱的入口。套上 T 恤後,將袖子向內翻摺,使外觀看起來平整。最後,將布料完全包裹住紙箱,並用膠帶牢牢固定布料。
2. 這樣就已經完成一個貓窩了,一切就是這麼簡單。

埃及金字塔形貓咪小屋

所需材料

› 紙板
› 2 根金屬衣架(可從清潔用品店或網路上購買)
› 1 件不再穿的 T 恤
› 剪刀
› 鉗子(可從五金行購買)
› 布膠帶(五金行或文具店)或環保包裝膠帶(五金行或文具店)

製作方法

1. 衣架通常都是由一條金屬折成衣架的形狀。首先,解開金屬兩端結合的地方。通常金屬的兩端會在衣架掛鉤處相結合。接著用鉗子剪下衣架上的掛鉤。衣架的金屬將作為貓咪小屋的骨架,而用鉗子剪下的掛鉤將不會使用。兩個金屬衣架上的掛鉤都要剪下。

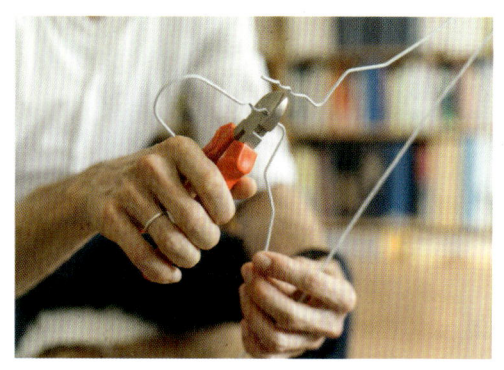

如果你也想為家裡的貓製作全新小窩,第一步肯定是用鉗子果斷地剪掉金屬衣架上的掛鉤。

2. 剪掉掛鉤的衣架其實就是兩根金屬,可以用來作為撐起整個屋頂的骨架。將它們彎折成 90 度角的弓形,並在折角處將兩根金屬上下重疊,也就是將第一根金屬的折角處壓在第二根金屬的折角處上方,形成金字塔的形狀,重疊的折角就是金字塔的最頂端。最後再用膠帶將兩根金屬交叉的地方固定起來,貓咪小屋的骨架就完成了。
3. 接著讓我們來做金字塔的底部。請將紙板裁切成正方形,並在正方形紙板的四個角打上小孔,我們將用這塊紙板作為金字塔的底部。接著將衣架金屬的四個末端穿過小孔,穿過小孔後再將金屬彎曲固定,並盡可能讓金字塔小屋的骨架可以平穩地站立在正方形紙板上。最後再小心地用膠帶固定衣架金屬和紙板。
4. 最後將 T 恤套在衣架金屬上,並調整 T 恤,讓領口成為貓咪進入金字塔小窩的入口。另外也必須調整金字塔小窩的形狀,比如將袖子向內折,並在必要時將底部的 T 恤布料與紙板黏在一起。

新鮮的魚上桌：用紙箱打造魚型貓窩

所需材料

- 1 個紙箱，尺寸需大小要適合你的貓
- 剪刀或美工刀（可由建材店／五金行或手工用品店購得）
- 雙面膠（建材店、五金行、文具店）或環保包裝膠帶（建材店／五金行）
- 用於繪製裝飾的畫筆

製作方法

1. 移除所有紙箱上的標籤紙或貼紙，並用膠帶將紙箱的頂部和底部封起，就像我們每次用紙箱寄出東西前，我們都會用膠帶將紙箱封起來那樣。我們將用紙箱作為整隻魚的身體，而紙箱的其中一面將作為魚的嘴巴，讓貓進入紙箱時，就像從魚的嘴巴走進魚的身體。

2. 作為魚的嘴巴的那一面紙箱，我們可以在紙箱上繪製魚的嘴巴，再將紙箱裁切成魚張開嘴巴的模樣（如 P21 的圖）。被裁切下來的厚紙不要丟掉，這些剩餘的厚紙可以用於製作魚鰭。你可以根據自己的喜好，將厚紙裁切成自己喜歡的魚鰭形狀，裁切魚鰭的形狀時，要多預留一小塊區域（至少 0.5 公分），並將這多預留出來的區域摺成一個窄邊。多預留出來的這一小塊區域是為了將魚鰭固定到紙箱上。

3. 當我們將魚鰭安裝到紙箱上之前，我們必須在紙箱兩側相同高度的地方切出一個小縫隙，接著再將魚鰭上多預留出來的這一小塊區域（也就是上一個步驟先折好的窄邊）插入紙箱上剛切好的小縫隙。此處只需要將事先摺好的窄邊插入小縫隙即可。多預留出來的區域插入紙箱後，請在紙箱的內側，將多預留出來的區域與紙箱固定，如此一來，魚鰭就安裝完成。

4. 最後，在紙箱外側繪製魚的眼睛和魚鱗。這樣就可以端上餐桌！

首席捕鼠貓

倫敦的唐寧街 10 號是眾所皆知的英國首相官邸。在過去 500 年來，此處一直都有專門負責捕捉老鼠的貓，而這些貓的官方頭銜是「內閣辦公室首席捕鼠大臣」。作為公務員，牠們不能被解雇，但其實也沒什麼必要解雇牠們！

在這座具有 500 年歷史的房子裡，「內閣辦公室首席捕鼠大臣」有超多事情要做，除了有無數的老鼠需要捕捉，甚至在首相官邸的樓梯上也會有老鼠出沒！這個地方從 1735 年開始正式由首相居住。據推測，首席捕鼠貓的職位可能自亨利八世（1491～1547）統治時期就已經存在。

只有屋頂的房子

所需材料

› 1 個紙箱
› 剪刀或美工刀
› 布膠帶（可在建材店／五金行或文具店購得）或環保包裝膠帶（建材店／五金行）
› 鉛筆
› 茶托或杯墊

製作方法

1. 將所有黏在紙板上的標籤紙、膠帶條都撕掉，接著攤平紙箱，最終你面前只剩下一個平坦的紙板。

2. 將紙箱折疊成一個三角柱，並用膠帶將接合的邊緣固定好，最終形成一個三角柱的形狀。此時，三角柱的兩側是對外開放，就像是一個三角柱小隧道一樣，但其中一側必須用膠帶和紙板封起來，只留有一個出入口讓貓進出。最後，建議用剪刀或美工刀，將紙箱上凸出或不平整的紙板修剪掉，盡可能讓表面平整。

3. 使用茶托或杯墊作為模板，在三角柱的其中一側紙板上，依照紙板的空間大小，用美工刀割出二至三個圓形的洞，洞的直徑長度正是茶托的直徑。這些圓形孔洞讓貓可以從更多角度靜靜窺視四周的環境。

相信我，所有貓都會喜歡這隻魚。
這是一個舒適又隱蔽的空間，用貓最喜歡的材料——紙板製作而成。

更喜歡不尋常的生活

有時候,將我們個人的品味與貓的需求互相結合,其實非常簡單。

有些東西就算已經破損,也不一定得被丟棄。透過一些創造力和簡單工具,這些無用之物可以創造出令人驚奇的花樣。你可以根據個人喜歡的風格來佈置你的家,兼顧貓的需求還有環保。還有比這更兩全其美的事嗎?

我們親手製作貓窩,不就是為了爭取貓多看一眼?一起嘗試讓各種獨特的貓窩在家裡隨處可見,更棒的是這些都出自於我們創意的巧手!

黑貓與教會

時至今日，黑貓在西方文化仍然象徵厄運，源自中世紀對貓的迫害，迄今依然存在，這導致在德國，黑貓更頻繁地被送往動物收容所，而且這些黑貓也越來越難以被領養。在中世紀的「宗教裁判所（又稱：異端裁判所）」時期，人們認為黑貓與邪惡的隱形世界有關，這可能是因為黑貓幾乎總是無聲地移動，而且還會突然從一個我們不知道的地方冒出來。然而，在英國，自從英國國教與天主教會決裂以來，黑貓被視為幸運的象徵。1649年，查理一世的黑貓去世時，他悲傷地表示自己的幸運已經離他而去。他也確實說得很對。就在國王的黑貓過世一天後，查理一世被逮捕，被控以叛國罪及處以死刑。

    不是只有紙箱適合用來製作貓的藏身處。實際上，只要能符合貓體型且足夠大的東西都可以製作成貓床或貓窩。難道一個老舊的櫃子就只能淪為大型垃圾被丟棄嗎？其實只需要給抽屜重新塗漆，或是將箱子固定在牆上，再放入一些枕頭或毯子，獨一無二的貓床就完成！在你家的地下室，是否也有一台老舊又充滿年代感的電腦主機呢？如果主機大小適合你的貓，而且內部也已經被清空及擦拭乾淨，那何不讓塵封已久的主機成為一處絕佳的貓窩呢？在拆除內部零件時，你可以在網路上找到清楚的步驟說明，或者你也可以在電腦專賣店找一位專業人士為你處理。你還喜歡家裡那些已經用了幾十年的傢俱嗎？試試這些花樣吧，一個空心的真空管收音機被貓佔領後，通常會呈現全新的氛圍；一個老舊的衣櫃經過重新上色和更換抽屜把手後，也能煥發出新的生機。為你的貓保留一處抽屜吧！也許牠們會十分喜歡。

    如果你願意讓你的想像力自由發揮，幾乎沒有什麼是不可能。以下是一些實用的建議供你參考：如果DIY出來的作品變得過時或無聊，這時可以有兩種選擇，要不就是用環保的方式丟棄這些物品，不然就是再繼續存放一段時間。或許一段時間之後，當你再次將這些東西呈現在貓的面前時，短時間內這些東西都會再次讓貓感到新鮮和有趣。

讓舊愛的價值無限延續

有一個相對不起眼的淘汰傢俱可以迅速改造成貓咪小窩，那就是原本放在洗手台下方的收納櫃。由於這種收納櫃上方用來安裝排水管的孔道通常夠大，可以讓貓咪輕鬆地鑽過去，因此只需要少許的花費，我們就可以根據自己的美學愛好，將櫃子改造成貓喜歡造訪的地方。此外，利用櫃子改造的貓窩也很容易清潔，既實用又漂亮，對於這種舊收納櫃來說，或許也沒有更好的用途了！

所需材料

› 1 個洗手台下方的收納櫃
› 1 個合適的枕頭或毯子
› 根據你的喜好：漆、油漆滾筒和油漆滾筒盆、打開櫃子用的門把（皆可在五金行購得）
› 可能需要：電鋸和砂紙（五金行皆有販售，五金行通常亦有提供機器租借服務）

製作方法

1. 讓我們利用洗手台下方的舊收納櫃，為貓咪 DIY 一個小窩。首先讓櫃子平躺在地上、櫃門朝上，收納櫃原本用來安裝排水管的孔道就可以成為貓窩入口。如果孔道的尺寸對你的貓來說不夠大，可以使用電鋸將口徑擴大，並且盡可能地把所有邊緣磨至光滑，讓貓出入時不會受傷。
2. 根據你的個人喜好美化這個舊傢俱。
3. 最後，可以在櫃子裡放個枕頭或一條柔軟的毯子，獨特的貓窩就完成了！

家貓

科學家將過去 9,000 年不同時期的貓的 DNA 進行比對，其研究結果顯示，野生貓和馴化的家貓在基因組合上幾乎沒有差異。在中世紀之前，導致「虎斑花紋（德語：Tabby-Muster）」的突變仍尚未出現在馴化的家貓身上，「虎斑花紋」一直到 18 世紀才普遍存在，從那時起才開始與家貓有所關聯。常見的虎斑貓，其額頭上會有經典的「M」，身上也會有條紋圖案。每隻貓其實都擁有一個虎斑花紋的基因，無論是斑紋還是條紋。即使整隻貓的顏色看起來是單色的，這些貓依舊還是有虎斑花紋的基因。小貓通常在單色的毛皮上會出現「幽靈花紋（德語：Geisterzeichnung）」，這個科學術語用來描述貓皮毛上隱約可見的斑紋或條紋圖案。「幽靈花紋」會隨著年齡的增長而逐漸消失。黑貓會有「虎紋」，但只有在特定的光照條件下才能看到。

更喜歡不尋常的生活　　25

讓櫃子平躺在地上、櫃門朝上。

收納櫃原本用來安裝排水管的孔道，口徑擴大之後可以讓貓輕鬆通過。

只需要將洗手台下的舊收納櫃轉個方向，就可以為我們的貓創造出意想不到的可能性。

為自己的決定承擔後果

那些像貓一樣，懂得優雅地休息和放鬆的人，通常也知道一個地方的舒適程度對「放鬆」這件事來說是多麼重要。然而，貓咪們天生不受拘束的獨特品味總是讓人驚訝。

根據我的經驗，貓喜歡巨大的枕頭，而且越大越好；但你也絕對深諳貓喜歡打破規則，常常不按牌理出牌。但還是建議你，讓你的貓用牠們的喜好來帶給你各種驚喜吧！更建議你，請讓牠們自己決定什麼才是對牠們最好的。

貓不僅是獵手，也是別的動物眼中的獵物，因此牠們一直在尋求保護和安全。一個睡覺的地方除了提供舒適和愉悅，更重要的是提供庇護和安全感。身為主人的我們，肯定都願意為我們的貓提供滿滿的庇護和安全感。

為你的貓創造一些新的花樣吧！即使沒有精湛的縫紉技巧，也可以輕鬆實現，例如超棒的流蘇結。

貓咪枕頭

所需材料

› 1 個枕頭
› 1 條毛毯或 T 恤（尺寸與枕頭大小匹配）
› 剪刀、筆、尺

製作方法

1. 將毛毯或 T 恤裁切為兩塊面積相同的布料，接著將枕頭放置於其中一塊布料上方的中間。請根據枕頭的大小，畫出要裁切的線。畫線時，布料的四周要多預留出大約 15 公分的邊緣，假設枕頭的尺寸是 10×20 公分，布料尺寸會是 40×50 公分，布料的面積要大於枕頭。另一塊布料重複相同步驟。

2. 兩塊布料的四周留出大約 15 公分的邊緣，目的是要將這些邊緣的布料，剪成一條又一條長度約 10～12 公分、寬度約 3 公分的流蘇。兩塊布料的四個邊都要剪。在四個角落的地方，可以將流蘇剪成斜角。接著請將兩塊布料各自放在枕頭的上方和下方，再將枕頭上方的一條流蘇和枕頭下方相對應的流蘇打成雙結，當所有流蘇都互相打結後，可以根據自己的喜好，將流蘇修剪至喜歡的長度。

為自己的決定承擔後果

一切都取決於我們看待事物的視角：一個枕頭可以提供令人興奮的風景，也可以只是一個打盹的地方。

舒適的枕頭：舊毛衣再利用

又到了你清理衣櫃的時候嗎？別嫌麻煩，也許這是一個很好的機會，用一件老舊、已經不再穿的毛衣，為你的貓做一些舒適的東西吧！接下來，我們將用一件毛衣和適量的棉花，製作一個可以讓貓趴睡的「盆地型」貓枕。之所以稱之為「盆地型」，顧名思義就是貓枕的外圍因塞滿棉花而較高，而貓可以窩在貓枕中間的凹陷處。

所需材料

- 1 件舊毛衣
- 剪刀
- 珠針（可在縫紉用品店購得）
- 縫紉工具／縫紉用品（縫紉用品店）
- 棉花（手工藝品店）或直接用不穿的衣物填充

製作方法

1. 將毛衣翻到反面把領口縫合起來再翻回正面，接著用珠針沿著毛衣胸部的位置標記出一條直線，胸線兩端分別是毛衣的兩側腋下，再沿這條線縫合，把整件毛衣分成胸、腹上下兩個部分。先用珠針沿著胸線別在毛衣上，目的是為了固定布料，這樣就能縫出一條漂亮的直線。

2. 將兩條袖子和毛衣縫合在一起，縫的時候整條袖子必須貼合「毛衣兩側的縫線」，但袖口記得先不要縫合以便塞入棉花。棉花從袖口塞入直到兩條袖子和毛衣胸線以上的區域都被塞滿，鼓起來形成貓咪小窩的外圍。你可以將一個不會太高的軟墊塞入毛衣腹部，那就是之後貓咪用來趴睡的位置。當然，毛衣腹部也可以用棉花或舊衣物來填充。

3. 縫合毛衣的下襬，讓塞入毛衣腹部的軟墊不會掉出來。最後再將兩條袖口縫合起來，四周較高、中間較低的「盆地型」貓枕就完成了！貓枕的外圍是塞滿填充物的袖子及毛衣胸線以上位置，貓則是窩在凹陷的毛衣腹部位置趴睡。

看起來可能有點困難，但實作之後才發現如此簡單：讓我們用針線和準備淘汰但卻又愛不釋手的舊毛衣，為貓打造舒適的小天地，給毛茸茸的小傢伙們一個全新又溫暖的地方。

為自己的決定承擔後果　29

收穫付出的心血所結出的果實：當自製的可愛貓枕受到貓的青睞，這絕對能讓我們感到滿滿的成就感，更能為我們的生活增添無限樂趣。

夢幻之旅：
用行李箱打造一處貓窩

所需材料

› 1個廢棄的行李箱
› 1個合適的枕頭或毯子
› 建議額外準備：布料、雙面膠、剪刀、釘書機

製作方法

1. 應該沒有任何一項DIY比這更簡單了：打開行李箱的蓋子，放入枕頭或毯子，將行李箱的蓋子倚靠著牆，減少佔用的面積，完成！
2. 如果箱子的內襯不符合你的審美風格，可以使用雙面膠將你選擇的布料固定在行李箱內側。建議可以額外再用釘書機固定布料，使其更加穩固。

該上床睡覺嘍！
用菜籃或酒箱打造貓窩

所需材料

› 1個菜籃或酒箱（通常是木製）
› 1個合適的枕頭或毯子
› 建議額外準備：砂紙、油漆、油漆滾筒（一切都可在建材店購買）

製作方法

1. 使用砂紙，將菜籃或酒箱的粗糙表面和鋒利邊緣打磨平滑。
2. 你喜歡箱子的原始狀態嗎？那太好了，因為接下來只需放入一個枕頭或舒適的毯子，讓貓愜意放鬆的地方就可算是準備好。
3. 建議可以再將酒箱或菜籃塗上一些顏色。即使是最平凡的箱子，也可以根據個人喜好進行裝飾。

具有療效的打呼聲

貓的傷口和骨折的癒合速度比其他哺乳類動物更快，這是因為貓的打呼聲能夠刺激肌肉活動，進而促進骨骼生長。在載人的宇宙飛行測試中，透過使用貓的打呼頻率，可以減少因缺乏運動而導致的骨質流失。這為骨質疏鬆症（德語：Osteoporose）的治療帶來希望。

為自己的決定承擔後果　　31

行李明明已經打包好，卻還是沒有想離開家的衝動，這是為什麼呢？
因為家就是最美好的地方！

為貓準備的多功能傢俱：超讚又實用。

放鬆是一種罪嗎？
使用單格櫃打造貓窩

所需材料

› 1件傢俱（建議使用單格櫃，單格櫃的尺寸要足夠大，確保可以讓貓休息，不可以有門或背板）
› 雙面膠（可在文具店購得）
› 釘書機（文具店）
› 粗度為8公釐或更粗的麻繩（建材店）
› 魔鬼氈（縫紉用品店）
› 剪刀
› 2個舒適的枕頭或毯子

小建議

可以在單格櫃上安裝小窗簾，這對貓來說會更好，因為一切都會更加私密。如此一來，牠們就可以（在理想的情況下）不被發現，並且安心地觀察四周環境。

製作方法

1. 在組裝單格櫃時，建議不安裝單格櫃的背板。如果已經有現成的單格櫃，建議將背板移除。此時單格櫃的上下各有一塊板子，左右兩側也各有一塊板子。

2. 請選擇左邊或右邊其中一側的板子，在板子上半部的三分之一區域都纏繞雙面膠，接著再將麻繩纏繞在剛剛已纏繞雙面膠的地方，靠雙面膠將麻繩固定在單格櫃的外壁上。纏繞麻繩時，請將麻繩拉緊，避免麻繩移位或脫落。必要時，建議用釘書機固定麻繩的末端。

3. 將魔鬼氈剪成八段，魔鬼氈的長度相當於單格櫃的寬度，使用魔鬼氈是為了將枕頭和毯子固定在單格櫃上。魔鬼氈有雙面，其中一面貼在枕頭和毯子上，另一面貼在單格櫃上。單格櫃的上方建議可以擺放枕頭，單格櫃的下方擺放毯子。

4. 最後，只需要將枕頭和毯子上的魔鬼氈黏到單格櫃上的魔鬼氈，一切就大功告成啦！

嘗試用更舒適的方式

貓就像動畫電影《森林王子》裡面的巴魯熊一樣,每天都懂得珍惜寧靜又溫馨舒適的家庭環境,同時還有充足的隱蔽空間。

貓十分熱愛舒適的凹陷處,熱愛的程度幾乎和熱愛紙箱一樣。在這裡,貓能夠獲得必要的愜意和溫暖,將自己捲成一團安穩地休息時,彷彿從此與世隔絕。在這裡,任何好奇的窺探都是安全,貓可以安心地在這個小窩裡觀察四周一切,而且還不會被發現(看來是這樣啦!)。

搖擺的貓:
用紙箱打造小吊床

所需材料

› 1 個堅固的紙箱
› 鉛筆、尺
› 1 條毛毯
› 剪刀或美工刀
› 雙面膠(可由文具店購得)
› 膠帶(建材店/文具店)或環保包裝膠帶(建材店)

製作方法

1. 將紙箱的上方和下方封起來,就像我們平時寄出包裹前會將紙箱完全密封。密封紙箱後,請注意紙箱頂部或外觀是否還有凸出的紙板,如果有的話,用膠帶將這些凸出的紙板固定在紙箱上,確保紙箱的表面平整。必要時,用膠帶將破損的紙箱角落好好修補一下。

2. 將紙箱的其中兩面剪出一個四方形(如P35 的圖),但必須留有 5 公分的邊緣,比如說要裁切的那一面的面積是 20×30 公分,那麼在紙箱上要裁切掉的四方形面積會是 10×20 公分。接著,在紙箱的四個90度折角處,切一條5公分的開口,開口的位置距離紙箱頂部大約有 10 公分,但實際情況還是得取決於紙箱大小。切出這四個開口的目的是為了在紙箱裡綁一個小吊床(如圖)。

3. 根據紙箱尺寸剪裁合適大小的毛毯,裁剪時,毛毯的四個邊要多預留 10 公分的長度。假設紙箱頂部那一面的面積是 20×30 公分,那麼需要的毛毯面積是 40×50 公分。接著,將毛毯的四個角穿過上一個步驟切出的四個開口,將毛毯的四個角穿過開口後,再將毛毯的四個角剪成兩半並緊緊打結,讓毛毯可以在紙箱裡懸空固定,形成一個小吊床。最後,可以再根據個人喜好裝飾紙箱。

嘗試用更舒適的方式　35

照片中有絕對能讓貓喜不自禁的東西：一個紙箱、一個舒適的吊床，最重要的是一切都具有超完美的隱密性，簡直太棒了！

放鬆一下：
在紙箱上方鋪條毛毯

所需材料

› 1 個堅固的紙箱
› 雙面膠（可在文具店購得）
› 膠帶（建材店／文具行）或環保包裝膠帶（建材店）
› 尺
› 剪刀或美工刀
› 1 條毛毯
› 釘書機（文具店）

製作方法

1. 將紙箱頂部的蓋子全部折到紙箱內側，再用膠帶將四面蓋子固定在紙箱內側。必要時，建議用膠帶或釘書機修補及加固破損的角落。
2. 將紙箱放在毛毯上，並在毛毯的四個邊預留出大約 15 公分。假設紙箱每一面的面積是 20×30 公分，那麼需要的毛毯面積會是 50×60 公分。接著，將毛毯剪裁出我們需要的尺寸。
3. 沿著紙箱頂部的四個邊緣黏上一圈雙面膠，然後將毛毯蓋到紙箱上，用已經貼好的雙面膠將毛毯固定在紙箱上。將毛毯蓋上紙箱時，請務必先將毛毯四周拉緊再蓋。建議額外使用釘書機將毛毯加固，因為貓將睡在上面。
4. 根據個人喜好進一步裝飾紙箱。

嘗試更多花樣：
雙重特色

讓我們來嘗試一下雙倍的樂趣：在紙箱的一側切割出一個洞，讓貓除了可以在小吊床上舒適地放鬆，也可以安心地在小窩裡觀察四周的一切。

所需材料

› 鉛筆，剪刀或美工刀
› 蛋糕盤

製作方法

請使用蛋糕盤作為模板，在紙箱其中一側的下方區域切出一個孔，孔的直徑正是蛋糕盤的直徑，這樣就完成了！這個孔將能讓貓安全地在小窩裡觀察四周一切。

嘗試用更舒適的方式　37

一個給貓用來放鬆的舒適凹槽，其實可以在很短的時間內就製作完成，讓貓隨時造訪，悠哉地放鬆。

用呼拉圈製作鞦韆

所需材料

› 1 個呼啦圈或其他堅固的環形物
› 1 條材質合適的毛毯
› 粗度為 8 公釐或更粗的麻繩（可在建築材料店購得）
› 剪刀、尺

製作方法

1. 先做鞦韆的底座。先裁切出兩塊面積一樣的毛毯，將呼啦圈或環形物放在其中一塊毛毯正中間，在呼拉圈外圍再多預留 15 公分的長度。假設呼拉圈的直徑是 50 公分，裁出來的毛毯直徑會是 80 公分。然後將毛毯剪成需要的圓形。

有些貓特別喜歡躺在略有高度的鞦韆上。在這樣的高度放鬆自己，絕對能感到加倍愜意。

2. 將毛毯剪成圓形之後，在毛毯的外圍剪出一條又一條的流蘇，流蘇的寬度約 3 公分、長度約 14～15 公分。將毛毯外圍剪成流蘇的時候，流蘇的長度是剪到接近呼拉圈的外圍即可，另一塊毛毯重複相同步驟。接著，將一塊毛毯放到呼拉圈的上方，另一塊毛毯放到呼拉圈的下方，再將上方毛毯的流蘇和下方毛毯相對應的流蘇互相打結，請務必打雙結，最終讓上、下兩塊毛毯將整個呼拉圈包覆起來。完成後，可以再根據自己的喜好，將流蘇剪短至喜歡的長度。目前已經完成鞦韆的底座。

3. 接著還需要加上繩子，所以需要在鞦韆的底座上打三個洞（如圖），這三個洞將用來綁麻繩。打出三個洞之後，將麻繩穿過這三個洞，並細心地將麻繩末端打結，讓麻繩不會從鞦韆的底座脫離（三個用來綁麻繩的洞，這三個洞之間的距離必須相同，正如同一個正三角形的三個角的距離，避免鞦韆的底座不穩，出現鞦韆底座歪斜的情況）。

4. 現在只需要將鞦韆掛起來，就可以讓貓開始在鞦韆上晃呀晃！

小建議

如果鞦韆晃得太厲害就表示太輕了，建議可以在安裝麻繩之前，先將一些小石頭放入底座增加重量。例如將上、下兩塊毛毯的流蘇打結之前，可以將石頭放在呼拉圈中間，再一起用毛毯包覆起來，讓貓在盪鞦韆時更加舒適。

用油畫布打造吊床

所需材料

› 1 張小型油畫畫布，面積至少約 30 公分 × 40 公分
› 布料（像是不織布）
› 剪刀、尺
› 雙面膠（可在建材店或文具店購得）
› 釘書機或釘槍（建材店）
› 粗度為 8 公釐或更粗的麻繩（建材店）

貓吊床很省空間，這項傢俱不僅能提供貓更高的視野，像吊床這樣的放鬆傢俱，也會讓貓感到十分獨特。

製作方法

1. 在畫布的四個角裁切出一個直徑約 1.5～2 公分的孔。
2. 將畫布放在不織布的正中間，不織布的周圍必須預留 5 公分的邊緣，然後將不織布剪裁成需要的大小。假設畫布的面積是 30×40 公分，那麼所需的不織布面積是 40×50 公分。
3. 將不織布蓋在畫布上，然後用雙面膠將不織布的四個邊黏到畫布背面的內側，內側就是畫布被釘槍固定的位置。建議可以直接用釘槍或釘書機，將不織布的四個邊固定在畫布背面，這會比雙面膠更加牢固。
4. 將麻繩剪成四條長度相同的繩子。將每條繩子穿過畫布上四個角落的孔，將繩子穿過孔之後，在底部將麻繩緊緊打結，讓繩子不會脫離畫布。接著再匯集四條繩子的另一個末端，並綁成一個粗大且穩固的結。最後，將吊床掛起，就可以讓貓享受舒適。

我們去採購吧！

你沒有時間自己動手 DIY，但仍然想為你的貓創造更多選擇嗎？沒問題，一些專業商店能提供解決方案。

Karlie 窗台座：Karlie 窗台座（德語：Karlie Fensterplatz）是一款可以吸附在窗戶上的貓床產品，不僅是位於高處的景觀台，更是貓享受日光浴的小床，這樣的設計絕對能讓貓愛到無法自拔。透過吸盤，可以讓 Karlie 窗台座快速又輕鬆地固定在窗戶上，而且只要窗戶表面乾淨，再加上安裝時細心的測試和檢查，原則上就可以讓這些吸盤牢固地吸住。這款產品上的繩子是咬不動的，因此不用擔心貓將繩子吞下去。Karlie 窗台座能夠承載的總重量為 12 公斤，這足以承受兩隻貓或一隻體型較大的貓的重量。產品上的布套易於取下，可以在攝氏 30 度的水溫下清洗。

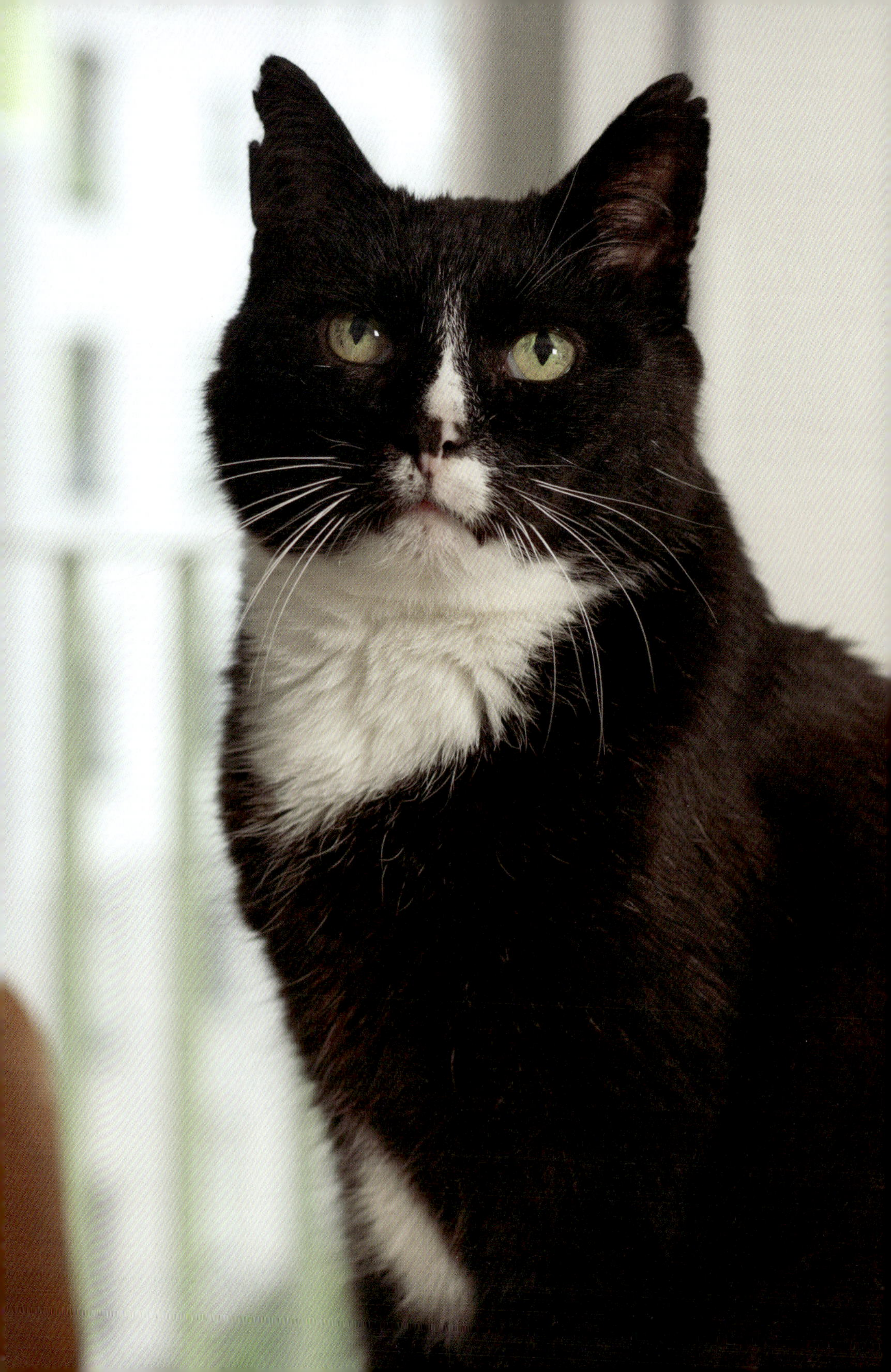

歡迎回家

貓的爪子整天都在抓

當室內環境不符合貓的需求時，牠們其實都知道如何解決問題，即便貓的解決方式通常不符合我們的想像或期待。

每隻家貓都有18個爪子，用於攀爬、跳躍、抓取、捕捉和固定獵物。

關於貓的地盤，主要是透過視覺跟氣味來標記。貓會透過視覺和氣味的標記來向同類展示牠們在哪裡生活和當下的情緒狀態。這些標記會定期在明顯的地方出現，無論是在戶外的地盤還是在家裡的地盤都一樣。抓痕標記在聽覺、嗅覺和視覺上都能發揮作用。費洛蒙是一種生物化學物質，由動物釋放出來，藉此傳遞資訊給同種族的其他個體。這些化學訊號可以影響同種個體的行為或生理狀態，如吸引異性、標記地盤、警告等。然而，貓用爪子附著在各處的費洛蒙，其傳播資訊的範圍其實不大，反而明顯可見的抓痕標記的效果更好：貓甚至在數天後，依舊可以讀懂抓痕標記所傳遞的資訊。

每隻貓都懂得留下抓痕

除了留下重要的抓痕標記，磨爪也是貓保養爪子的重要方式。爪子被設計成最適合攀爬、戰鬥和抓捕獵物的工具，這樣獨特的器官當然需要保養。通常情況下，當貓不需要用到爪子時，爪子們會被縮回，這是動物界中的一項獨特能力。因此爪子不會變鈍，也不需要像我們普遍認為的那樣，需要特別將爪子磨利。實際上，貓在用爪子抓東西時，舊的爪殼會因為老舊而脫落，露出全新鋒利的爪子。貓會靠自己將後爪舔乾淨，同時用牙齒將爪殼剝離，剝離後貓還有咀嚼爪殼的習慣。貓用爪子抓東西時，貓是站立在自己的後腿上，然後用前腳抓。後腳不會用來抓東西。

名副其實的「抓」狂

許多貓主人都擔心爪子會鑽進不應該出現的地方，比如說，我們會擔憂昂貴又心愛的椅子或新貼上壁紙的牆壁被貓折騰成另一個「全新」但又讓人惱怒的設計。貓用爪子抓東西時，內心到底在想什麼？

貓用爪子抓東西時，牠們會根據自己的喜好來決定抓的方向，所以我們應該都看過水平、垂直或斜向的抓痕。在用爪子抓東西的過程中，貓總是將自己的重心放在後腿上，然後用前腳來抓。與此同時，這也能讓貓鍛煉和加強爪子的伸縮機制。

抓痕標記通常出現在睡覺和休息的地點附近，另外，不知你是否也有發現，抓痕出現的地方非常中心化。像貓這樣如此聰明的動物，牠們絕對不會選擇在不起眼的邊桌或茶几來作為留下抓痕的地點，而是直接鎖定家裡顯眼的物品，比如沙發、扶手椅或椅子。不僅物品要放在顯眼的地方才能吸引貓的注意，這些物品的材質還必須足夠吸引貓，如此一來才會被貓青睞。簡單來說，並非所有家裡物品都符合貓的品味！貓其實是做任何事情都以成功為導向的動物，極度追求使命必達，所以在牠們的生活中，必須迅速地做出各種命中。在自然界裡，貓會選擇可以讓牠們清楚辨識出明顯抓痕的物品來留下自己的抓痕，像是樹木。如果你的貓不會在瓊麻材質的物品上留下抓痕，那可能只是因為牠不喜歡這種材質。貓主人常買瓊麻材質的物品，然後心裡直覺地想著：「啊，瓊麻做成的產品肯定會很堅固，可以讓貓愛怎麼抓就怎麼抓，不僅耐用，還不會留下抓痕，真是太好了！」如果你曾有這樣的想法，可能會失望，因為你的貓可能會想：「啊，又是瓊麻做成的東西，這東西太堅固了！我得抓很長時間才能看到抓痕耶！真是又煩又愚蠢的東西。」對貓來說，將東西撕裂、扯破、撕碎的感覺也很重要。一些樹皮或纖維物質對貓來說是無法抗拒的，這種無法抗拒的感覺就像我們拿到氣泡膜的時候一定要將氣泡一個一個壓碎一樣。那些可以立即讓貓拉出一條毛線的針織套子，或者稍微刮一下就能留下痕跡的粗糙壁紙，這些都能帶給貓立即的成功體驗，甚至還會帶給牠們美妙的觸覺和手感。因此，許多貓喜歡由紙板製成的傢俱，這能讓牠們享受到「抓」的快感，貓也喜歡椰子纖維墊或像松木一樣柔軟的木頭，又或者是以香蕉葉為材料做成的物品。

貓用爪子抓東西時，物品是否使用貓最喜歡的材質製成、抓東西時的方向、物品放置的位置等，都是重要的關鍵。常令我們驚訝的是，許多物品在我們眼裡都只是平凡和普通的擺設，但對貓來說，卻能讓牠們愛不釋手。每隻貓喜歡留下抓痕的物品不見得相同，這方面的偏好極度個性化，每隻貓都有自己的喜好組合。但我們不用擔心，遲早你會發現，你的貓對哪些東西情有獨鍾。

敏銳的貓

「機械感受器（又稱作力學感受器、機械型刺激感受器）」是一項動物體內的感覺器官，用於感知機械性刺激或壓力。以貓為例，這些感受器位於牠們的球形貓掌上，幫助牠們感知地面的振動，使牠們能夠用腳趾「聽到」周圍的聲音，比如老鼠在地下移動的聲音。因此，即使是聾貓也能感知到老鼠在牠們的巢穴中奔跑。這種極端的敏感性可能是貓在自然災害中可以早早作出反應的原因之一，比如地震。

用厚紙板捲出蝸牛貓墊

所需材料

- 1 個紙箱或厚紙板
- 剪刀、筆和尺
- 環保無溶劑白膠或膠水（可在手工用品店購得）
- 由自己選擇的線或條狀物，例如剩下的毛線、包裝繩、緞帶或 T 恤剪成的條狀布料

製作方法

1. 將厚紙板上所有的塑膠或膠帶去除，然後將厚紙板切割成寬度大約 2～3 公分的條狀。如果準備的是紙箱，建議先將紙箱攤平成紙板，再將紙板切割成寬度大約 2～3 公分的條狀。
2. 用這些條狀紙板，捲出一個螺旋形貓墊（如 P45 的圖），讓貓可以趴在上面睡覺。我們先用其中一條紙板捲出一個緊密的螺旋形，形成一個螺旋形之後，再繼續加入下一條紙板，讓整個螺旋形越來越大。捲螺旋形的過程中，必須不斷使用膠水固定，讓螺旋形不會鬆開。
3. 當螺旋形的直徑達到所需的大小時，將螺旋形的末端固定好，再將繩子或緞帶緊密地纏繞在螺旋形的外圍（如 P45 的圖），建議可以用緞帶，讓外觀更美。
4. 等待膠水完全乾燥後，就可以讓貓盡情地磨爪。

更多變化：紙箱中的紙箱

所需材料

- 1 個紙箱，至少 30×15 公分
- 厚紙板
- 筆、剪刀和尺
- 環保無溶劑白膠或膠水（手工用品店）

製作方法

1. 去除所有紙箱上的塑膠和膠帶，再將紙箱裁切成高度為 3 公分的形狀。
2. 根據紙箱的寬度和高度，將厚紙板剪成條狀，再將條狀厚紙板放入紙箱中（如 P45 的圖），形成一個四方形貓墊。由於紙箱的高度是 3 公分，因此每一條厚紙板的寬度必須是 3 公分，長度則和紙箱的寬度相同。裁切出第一條厚紙板之後，可以使用這條厚紙板作為後續裁切的樣本。
3. 在箱子的底部和側面塗上膠水，再將條狀厚紙板一條一條放入紙箱中。放入時，必須非常緊密地將條狀厚紙板並排放置，直到整個紙箱裡已經塞滿條狀的厚紙板。
4. 總結來說，這項 DIY 是一個超級適合在下雨的星期天午後打發時間的好活動。

貓的爪子整天都在抓　　45

從舊紙箱到新產品，這些由我們自己 DIY 製作、可以讓貓磨爪子的設施，提供紙板或紙箱再生的好機會，既環保又能做到廢物利用。

小空間大創意：
用厚紙板跟麻繩墊做貓抓板

當我們必須自己動手DIY、為貓製作一些可以讓牠們磨爪子的設施時，這些替代物的出現可能有以下這些不同的原因：可能是因為家裡沒有足夠的空間放置市面上販賣的貓抓板或貓抓筒，也可能是因為市面上的貓抓產品，像是貓抓柱、貓抓盆、貓抓屋等，不符合你家貓的口味。

所需材料

› 1個厚度至少0.5公分的紙箱或雙層黏合的普通厚紙板
› 剪刀或美工刀
› 雙面膠（可在建材店或文具店購得）
› 1塊薄的椰子墊或麻繩墊
› 筆和尺
› 禮品包裝紙或壁紙（用於裝飾）
› 玻璃杯
› 建議額外準備：由德國品牌Tesa生產的雙面膠產品（文具店或建材店）

製作方法

1. 將紙箱或厚紙板裁切成是15×50公分的紙板。
2. 使用玻璃杯作為模板，在紙板的上方三分之一處畫一個圓圈（如P47的圖），圓圈直徑正是玻璃杯的直徑，畫出一個圓圈之後，再裁切出一個孔洞。
3. 根據個人喜好裝飾紙板。你可以將禮品包裝紙或壁紙貼到紙板上。但要記得，不要蓋住已經切好的圓孔。
4. 將椰子墊或麻繩墊裁切成15×35公分，並使用雙面膠牢固地將椰子墊或麻繩墊黏在紙板上。在紙板上安裝椰子墊或麻繩墊是為了讓貓可以肆無忌憚地抓抓抓。
5. 可以將貓抓板掛在門把手上。如果需要，可以額外使用由德國品牌Tesa生產的雙面膠，將貓抓板固定在門框上。

世界上最棒的貓

來自英國托基的一隻公貓名叫梅林，牠是打呼之王，能夠以令人驚豔的67.8分貝的音量打呼。牠的打呼聲幾乎和一台割草機一樣響亮，並且被記錄在「吉尼斯世界紀錄」中。通常我們家裡的貓打呼的音量是25分貝。

節省空間：
改造桌腳椅腳為貓抓設施

所需材料

› 麻繩，8公釐或更粗（建材店）
› 雙面膠（建材店）
› 剪刀
› 建議額外準備：釘書機（文具店）

製作方法

1. 當你將桌子或椅子的腳改造成貓抓設施時，絕對會節省很多空間。（請注意，膠帶或雙面膠都可能會損壞傢俱。）可以將家裡現有的站立式植物進行改造，但前提是當你的貓在磨爪時，植物必須足夠大而且足夠穩固。

2. 在桌子或椅子的腳先纏上雙面膠，再將麻繩牢牢地綑綁在桌子或椅子的腳的下緣，用雙面膠固定麻繩。纏繞上麻繩之後，能讓貓磨爪的設施瞬間就完成啦！

在家中不同地方設置不同的貓抓設施，可以有效防止貓在錯誤的地方留下抓痕。

貓式滿足

貓喜歡從頭到腳都乾乾淨淨的，這對牠們至關重要。溫柔地撫摸或愛撫，不論是對人類而言或對貓來說，都有許多正向的影響。

總有人認為，貓總是短暫又不夠徹底地清洗自己，但真正的「貓式洗澡」根本不符合這樣的惡名聲，無論是在洗澡方式還是功能上都完全不相符。換句話說，貓可是十分仔細地清洗自己！貓每天會花費百分之十到百分之三十的時間進行身體清潔，而且從小就開始培養這樣的習慣。小貓出生後不久，就會展現梳洗的本能，從出生後第二週開始，貓就必須自行清潔。在貓的衛生習慣裡，不僅會清潔皮毛上的污垢或異味，始終讓皮毛保持柔軟，貓還會刺激每根毛髮的皮脂腺，使毛髮防水，並保護皮膚不受水分影響。凌亂的毛髮其實很難保暖，也很容易感染病菌。在夏天，毛髮發揮著空調的作用，貓和狗一樣，身體上沒有分散式的汗腺。由於只能透過喘氣讓貓稍微涼爽一些，因此貓會在自己的身上盡可能地塗抹口水，口水被太陽照射後，會從貓的身體表面揮發，達到調節體溫的功效及防止過熱的目的。因此，夏天裡，貓會比冬天更頻繁地清潔自己。

清潔總是快樂

令人驚訝的是，貓的身體衛生甚至有助於保持情緒平衡，因為貓在清潔自己的時候會釋放出「內啡肽（德語：endorphins，又稱腦內啡、腦內嗎啡）」。這些所謂的「幸福荷爾蒙」具有使貓放鬆並減輕焦慮的作用，就如同人類跑步時所產生的愉悅感是因為當運動量達到一定程度，人類會分泌腦內啡。如果一隻貓因為戴上頸圈或是因為變得太胖而無法自行清潔全身，這會阻礙牠們護理毛髮，進而可能會導致貓面臨嚴重的壓力，而壓力甚至會隨著時間的推移而進一步加劇。

陽光愛好者

剛出生的小貓除了嗅覺之外，特別是對溫度感知的能力也已經發育完全。位於鼻子旁邊的「溫度感受器（德語：Wärmerezeptoren）」能夠感知溫度變化，告訴剛出生的盲聾幼貓，牠的母親和兄弟姐妹在哪裡。甫出生的貓必須依偎在一起，藉此獲取存活下來的必要熱量，這種溫暖的愛將伴隨牠們一生。當貓彼此依偎在一起時，牠們的毛髮可以加熱至攝氏50度以上，但貓不會因此受到任何傷害。儘管如此，身為主人的我們，當然還是要為貓提供一個涼爽的地方。

貓的典型日常是充分的清潔及大量的睡眠和休息，這些都是不可或缺。

想像一下，當癢的時候不能抓癢，這會多麼折磨人啊！當處於衝突或緊張的局勢，貓會舔一下自己的嘴巴，或是清理一下自己，就像人類是觸摸自己的臉或頭部。相互梳理可以幫助動物減少社交緊張感，更可以加強動物之間的友誼。

必須守秩序

貓在梳理時的順序總是一致，從前到後。梳理時，貓主要用粗糙的舌頭來徹底將毛髮舔舐乾淨。針對頭部和臉部的區域，貓會用唾液弄濕爪子，然後就像使用抹布一樣來擦拭自己的頭和臉，畢竟這些地方都是舌頭無法梳理的部位。

貓梳理自己的時間是在進食之後，但貓也會在休息或睡覺時段的前後進行梳理。大多數的貓在被撫摸後，就會立即開始進行密集的毛髮護理。一方面是因為毛髮被我們弄亂成不喜歡的模樣，所以必須整理，另一個原因則是貓身上的氣味已經被我們人類的氣味覆蓋，是否還有其他原因呢？有可能是為了盡快恢復自己身上的氣味，但或許也有可能是牠們發自內心喜歡我們人類的味道，這種事有誰能知道呢？也許這兩種可能都是正確吧？！

可愛又迷人的「倒刺」

科學研究顯示，貓科動物的舌頭上布滿「倒刺」，這些「倒刺」向喉嚨的方向微微彎曲，這說明為什麼當貓舔你的時候，我們總是會感到粗糙的觸覺。貓的舌頭表面上有許多微小的「倒刺」，每根「倒刺」都是可活動。當貓在梳理毛髮，這些「倒刺」會豎立起來，貓就可以清除掉較難移除的污垢，甚至還可以解開打結的毛團。清潔身體後，這些平鋪在舌頭上的倒刺會朝著喉嚨的方向被收回，接著貓會清潔舌頭上的貓毛。由於每天梳理舔毛容易食入大量貓毛，當這些毛球無法通過消化道分解時，身體的自然反應就是把毛球吐出來。這就是為什麼貓會吐出毛團。

這正是人類特別喜歡貓的原因：對許多主人來說，與貓親昵，是與牠們的同居生活中最美好的事情。

親昵的小貓

大多數的貓都喜歡與主人親昵，但前提是當牠們有興致的時候，牠們才會採取行動。有些貓熱愛被撫摸，而且顯得貪得無厭，主人不論怎麼撫摸，對貓來說永遠不夠，但對有些貓來說，一個輕輕的觸摸其實就很足夠。

人和動物之間透過相互依偎建立聯繫，而親密的接觸混合彼此氣味，進而製造出屬於人和動物共同的群體氣味，這股氣味能增強凝聚力及傳遞安全感。如果你家的貓與你親昵，牠會像對待同類一樣對待你，並向你展示牠們的愛。貓有時候會向主人展示牠們的肚子，或是將頭抬高高，呈現一副要你摸下巴或頸部的模樣。如果你的貓有以上這些行為，那就表示牠們對你已

經產生信任。不過還是要提醒各位愛貓人士，如果你的貓對你展現上述行為，牠們可能只是單純對你產生信任，不見得是真的想要被主人撫摸。頸部和腹部是貓十分敏感的保護區域，尤其當貓在野外，牠們很少露出這些部位。

撫摸真能觸動貓的心靈，背後的機制其實是每根毛髮都連接著「機械感受器」，可以將環境資訊傳遞到大腦中。親昵能降低許多貓的脈搏，進而導致肌肉放鬆。在人類身上也有類似的正向效果，血壓和脈搏下降，被譽為快樂荷爾蒙的「血清素（德語：Serotonin）」被釋放。親昵擁抱這項行為不管從任何角度來看都是經典的雙贏局面。

我該留下還是離開？

貓常被指責為陰險和虛偽，主要原因可能是因為牠們一會兒溫柔地和主人親昵，但短時間內變得暴躁，搖身一變成為超級刁蠻又難以相處的伙伴。這背後的原因可能是因為過度刺激，同時傳遞愉悅感和疼痛感的共同神經傳導路徑導致了這種矛盾的行為。想像以下情境，皮膚發癢，抓癢會減輕癢的感覺並感到舒服。但是如果在同一位置過度抓癢，不僅會感到不適，而且很快就會感到疼痛。

貓會表達出牠們已經受不了的信號。然而在人類眼裡，牠們的溝通方式通常難以捉摸，以至於我們隨時都有可能會忽略牠們發出的信號。一些家貓只是簡單地轉身，有一些貓則是起身慢步離開，這些都是相當明確的信號。有些貓會讓身體變得僵硬，

有些只是稍微抖動一下尾巴的尖端，不會像其他動物那樣，整個尾巴瘋狂地甩動。一些貓會把牠們的爪子放在人類的手上，有些則會豎起牠們的爪子以示警告。有時候貓也會在我們的手上輕咬一下，通常非常輕柔，而這種信號也因此得到「愛的一咬」的溫馨美名。

請注意上述這些信號，最好停止親昵，即使很美好也要盡快停止。如果經常忽略貓的警告訊號，牠們可能會嘗試以越來越具攻擊性的方式來停止人類的撫摸，甚至可能會用吼叫、低沉的咆哮、狂抓或亂咬東西的方式來擺脫親昵，貓會認為這是牠們擺脫親昵的唯一方法。原則上，多數貓的性情並非暴躁，貓一定都會先發出警告訊號，如果被無視才有可能翻臉。如果你的貓已經變成了瞬間翻臉的性格，那就表示長期以來，牠們發出的警告訊號都遭到忽視，導致發出警告的階段不斷被縮短，縮短到讓人覺得，貓是無緣無故做出攻擊。

當你小時候被家人或外人過度摸頭、過度擁抱或親吻的時候，還記得那種感覺嗎？如果你也不喜歡那種感覺，現在可以明白貓的感受吧？！

貓咪治療法

貓有助減輕憂鬱症，在幫助人類紓解壓力這方面，貓真是一種奇跡般的存在，可以讓人類很純粹地放鬆。科學證明與貓互動所產生的舒壓、放鬆效果，不輸給心理學上建議的放鬆方法，像是深呼吸、漸進式肌肉放鬆、冥想、正念練習等。不論是心理學上的舒壓建議，還是透過與貓的互動來紓壓，兩者的效果不相上下。

毛髮護理神器：
木板加蔬菜刷變成蹭毛裝置

　　梳理和刷毛都能促進血液循環，進而減少掉毛。換毛通常發生在秋季和春季，雖然純室內貓通常較少掉毛，但實際上，當貓與人類共同生活，真實情況可能有所不同，貓掉毛的情況也可能會更多。

所需材料

› 1根長長的「暖氣片縫隙刷」（專門用來清理暖氣的狹窄區域），建議刷子的長度是75公分（若無法輕易購得，亦可用其他骨架是可彎曲軟式金屬的刷子代替）
› 1個蔬菜刷或指甲清潔刷（刷子的背面必須是光滑的平面）
› 足夠強力的膠水或白膠（可在建材店購買）
› 木板，面積為50×50公分（可在建材店購買，讓店員幫你裁剪）

製作方法

1. 將暖氣片縫隙刷彎成一個弧形後再將刷子固定到木板上，建議木板上多保留一些空間，讓蔬菜刷或指甲清潔刷也可以一起固定到木板上，測試一下，你的貓最喜歡用哪一種刷子蹭毛。
2. 將蹭毛器放置在一個貓經常走動的地方，大功告成！像暖氣片縫隙刷這種骨架是軟式金屬的刷子，也可以用來製作「拱門式蹭毛器」，在網路上輸入此關鍵詞即可找到大量示意圖或現成產品。

更多變化：
節省空間的毛髮護理器

所需材料

› 1個蔬菜刷或指甲清潔刷（刷子的背面必須是光滑的平面）
› 足夠強力的膠水或白膠（建材店購買）

製作方法

　　用白膠將刷子固定在牆角，也可以將刷子固定在一處桌腳或椅腳上。你的貓一定會喜歡用刷子來蹭毛。

天生的毛茸茸

　　貓的平均毛髮密度為每平方公分25,000根，這個數字著實令人印象深刻，相比之下狗的平均毛髮密度為每平方公分1,000到9,000根，而人類的平均頭髮密度為每平方公分175到350根頭髮。

為我們的貓提供更多不同類型的毛髮護理方式，原來可以如此簡單！

咕嚕咕嚕的喝水聲

如果談到貓的平均飲水量，大約是每公斤的體重需要 60～80 毫升，但攝取量還是取決於平時的飲食、個體活動量和環境溫度。

貓透過濕潤的食物來滿足大部分的水分需求。儘管如此，他們還是需要額外的飲水，以預防泌尿系統疾病或腎臟疾病。如果你家的貓平日裡主要都是食用乾貓糧，更需要增加飲水的機會。為了刺激飲水行為，最好在多個地方設置喝水的裝置，並確保飼料和水是放在不同的地方。

讓貓喝夠：
製作負壓原理的喝水裝置

所需材料

› 1 個堅固又耐用的碗
› 1 個帶有蓋子的寶特瓶
› 鑽孔器、尖剪刀或小巧鋒利的廚房刀具

製作方法

1. 在寶特瓶的瓶身鑽一個微小的孔，這個孔距離寶特瓶底部約 2.5～5 公分，鑽孔時請務必小心。孔的高度取決於碗中水的高度。假設，將準備的碗倒入八分滿的水之後，水的高度是 5 公分，那麼寶特瓶上的小孔距離寶特瓶底部也需要是 5 公分。

2. 將寶特瓶裝滿水之前，必須先將小孔用膠帶封住，膠帶必須是容易撕下的類型。將寶特瓶裝滿水之後，將瓶蓋旋緊，然後將寶特瓶放入碗中。接著，在碗中倒入水，直到水的高度達到孔的高度為止。在碗中注入水之後，即可將小孔上的膠帶撕掉。

3. 為「負壓（德語：Unterdruck）」歡呼吧！透過此物理學原理，「負壓」可以防止寶特瓶裡面的水不受控制地持續流入碗中。當碗裡面的水位下降時，水會再次從寶特瓶注入碗中，直到寶特瓶上的孔再次被水覆蓋。

咕嚕咕嚕的喝水聲　　55

這是非常簡單的方法：將寶特瓶回收再利用，為你的貓在家裡設置另一種飲水方式。

這項簡易的飲水裝置在多貓家庭或炎熱日子裡特別好用。

如果想為你的貓創造一些生活樂趣，
不需要是極度有天賦的手工藝師傅。
平凡的我們絕對有能力，為毛茸茸的
室友們變出這款超好用的飲水裝置！

許多貓喝水時，特別喜歡水是從某個地方湧現出來。
接下來就讓我們製作會噴出水來的喝水裝置，看看你的貓是否也喜歡？！

貓的小噴泉：
用沉水馬達製作喝水裝置

所需材料

> 1 個泥製花盆
> 1 個堅固又耐用的泥製平底碗或茶托（大小需與花盆相匹配）
> 1 個 12 伏特的小水泵（沉水馬達），可網購或寵物店購買，可直接在網路上搜尋「多功能小型沉水馬達」
> 1 條水管（建材店購買），直徑 10 公釐
> 剪刀

製作方法

1. 將沉水馬達放在平底碗的中央，將管子的一端接在沉水馬達的噴水孔，接著用泥製花盆將沉水馬達蓋起來，蓋上時管子的另一端必須穿過花盆底部的小洞。從小洞拉出管子後，將剪短，只凸出一小截。
2. 此時沉水馬達被蓋在花盆裡面，一起放在平底碗的中央。請確保馬達的電線安全地懸掛在平底碗的邊緣上。最後，將水倒入平底碗中，接上電源，這時馬達就會透過電力，抽取平底碗裡面的水，並透過管子將水噴出，形成一個小噴泉的喝水裝置，完成！

一小口一小口地喝

貓喝水時，當牠們把舌頭伸入水之前，舌頭前段會稍微向後捲曲，形成像湯匙的形狀，因此過往人們普遍認為，貓喝水是將舌頭前段向後捲曲，並將水一勺一勺舀入口中。但科學研究已證明，貓之所以將舌頭前段稍微向後捲曲是為了盡可能讓舌頭的表面沾到水。由於貓的舌面上有大量、超微小的「絲狀乳頭（又稱：倒刺，德語：Fadenpapillen）」構造，因此當舌面碰觸到水，水的表面張力會吸附在舌面的倒刺上。當貓迅速將舌頭收回時會形成一條水柱，水柱的形成則是因為水向上被抽回的「慣性」和水下流的「重力」產生平衡，故形成一條水柱，而這條水柱就是貓可以喝到的部分。貓不斷重覆伸舌舔水、收舌闔嘴這一連串相同的動作完成一口又一口的飲水。貓在舔水的過程中，舌頭上數百萬的「倒刺」會保留住水滴，進而讓水可以運輸到貓的嘴裡。當然，貓舌向後捲曲時也還是能撈起一些水，但大部分被貓喝下肚的水，還是來自快速收回舌頭時所形成的水柱。貓為了喝到足夠的水，必須快速伸、縮舌頭，使「慣性」和「重力」始終保持平衡，因為水量最多的水柱正是「慣性」和「重力」達到平衡時的那個瞬間。

歡迎來到綠色世界

在戶外，自由奔跑的貓會啃食不同的草。那些只生活在室內的貓，很容易缺乏綠色飲食。另外，冬天也是貓較難攝取足夠綠色飲食的季節。

貓的健康不僅需要維生素和礦物質，還需要纖維素，這對牠們的消化很重要，這些營養成分都可以由草來提供。種植自己的綠色植物，既可以提供營養和纖維，又能讓貓在家有事情做。接下來，就讓我們一起來DIY貓草設施，看看家裡的貓是否會因此變成一隻愛上吃草的小牛。

小小投入就能發揮大大功效，對於只在室內生活的貓來說，有新鮮的草可以嗅聞和啃食，絕對是生活中不可或缺的環節。

沒有土也可以
用圓柱玻璃容器種貓草

所需材料

› 1 個容器（建議是個圓柱型的玻璃瓶，高度 10～20 公分）
› 填充材料：鵝卵石、貝殼或彈珠
› 1 個未經過漂白處理的咖啡濾紙
› 現成的貓草或貓草的種子（可在園藝用品店、寵物用品店購得）

製作方法

1. 將玻璃容器四分之三的空間填充鵝卵石、貝殼或彈珠，並將咖啡濾紙鋪在這些填充物的上方，請確保填充物完全被覆蓋。如果咖啡過濾紙的最外圍有多出一小部分的邊緣，請讓多餘的邊緣朝上。
2. 在咖啡濾紙上均勻地撒一層薄薄的種子，然後將水倒入容器中，水位至咖啡濾紙的位置即可。請注意，在最初的幾天裡，務必確保水位都有到達咖啡濾紙的高度，故在最初幾天需要適當地加水，直到植物的根冒出。由於種子在稍微浸泡軟化後會更快發芽，故在最初的幾天裡，稍微多些水也沒關係。當植物開始冒出綠色小芽，就避免注入過多的水。
3. 大約 7 至 10 天後，貓草就可以開始讓貓啃食。

更多變化：
連蚱蜢都喜歡的淺盤貓草

所需材料

› 1 個淺盤
› 天然材質製成的棉墊或棉片
› 現成的貓草或貓草的種子（園藝用品店、寵物用品店）

製作方法

如果你有一個淺盤可以用於種植，請先在盤中鋪上一層棉片，然後在棉片上均勻撒上種子。接著將種子充分澆水，等待種子發芽。在此期間，請確保充分的澆水，同時請避免過多水分。

小建議

最好使用顆粒細小的種子（1 公釐），這樣紮根會更牢固。如果你使用的是玻璃容器或陶瓷碗，請特別小心其穩固性，以防止容器在激烈的啃食中倒下及摔碎。

綠色草地：
雙層櫃變貓草區

所需材料

› 1個小型雙層櫃或抽屜櫃（最小尺寸：35×35×70公分），櫃子必須是無門及沒有背板
› 現成的貓草或貓草的種子（可在園藝用品店、寵物用品店購得）
› 防水、穩固的塑膠薄膜
› 雙面膠（文具店）
› 草本植物土壤（花卉專賣店）
› 釘書機或釘槍（文具店）
› 電動鑽孔機（建材店，通常有租借服務）
› 木工修邊機（建材店，通常有租借服務）
› 麻繩，8公釐或更粗（建材店）
› 魔鬼氈（縫紉用品店）
› 枕頭或毯子
› 建議額外準備：布料（可作為小窗簾）

製作方法

1. 組裝雙層櫃時，不用安裝櫃子的背板。如果是現成的雙層櫃，請將櫃子的背板拆除。

2. 將雙層櫃平放，讓雙層櫃像兩個小隧道一樣。在雙層櫃左側或右側（二擇一即可）的木板的上半部纏繞雙面膠，接著再將麻繩緊密地纏繞在雙面膠上，用雙面膠將麻繩固定在櫃子的木板上。必要時，可用釘槍將麻繩的末端固定。

3. 在最上方的木板，可用筆尖先敲出一個小點的凹陷處，接著再以這個小凹陷處為中心點，開始使用木工修邊機挖出一個用於種植貓草的凹陷區域，此區域最多佔據木板長度的一半（如P61的圖）。請注意，使用木工修邊機時，不可將木板穿透或打出洞來，否則之後幫貓草澆水時，水就會不斷滴下來！

4. 使用雙面膠將塑膠薄膜固定在凹槽中。在凹槽的四個邊緣，建議再用釘槍固定塑膠薄膜。

5. 在凹槽中填土，可參考網路上的教學指南在凹槽裡播種，並適當地為貓草澆水。

6. 剪出8條魔鬼氈，魔鬼氈的長度與櫃子木板的寬度相同。櫃子的上部和下部各貼2條魔鬼氈，另外在枕頭或毯子上也貼上2條魔鬼氈，如此一來，就可以將枕頭或毯子穩固地固定在雙層櫃上了。

7. 如果你願意，可以用布料製作小窗簾，將貓草下方的貓窩遮擋起來。

歡迎來到綠色世界　61

多功能性的設計：貓會按照自己的興致和心情來決定，是否要在這裡悠閒地放鬆、觀察、啃草或磨爪。

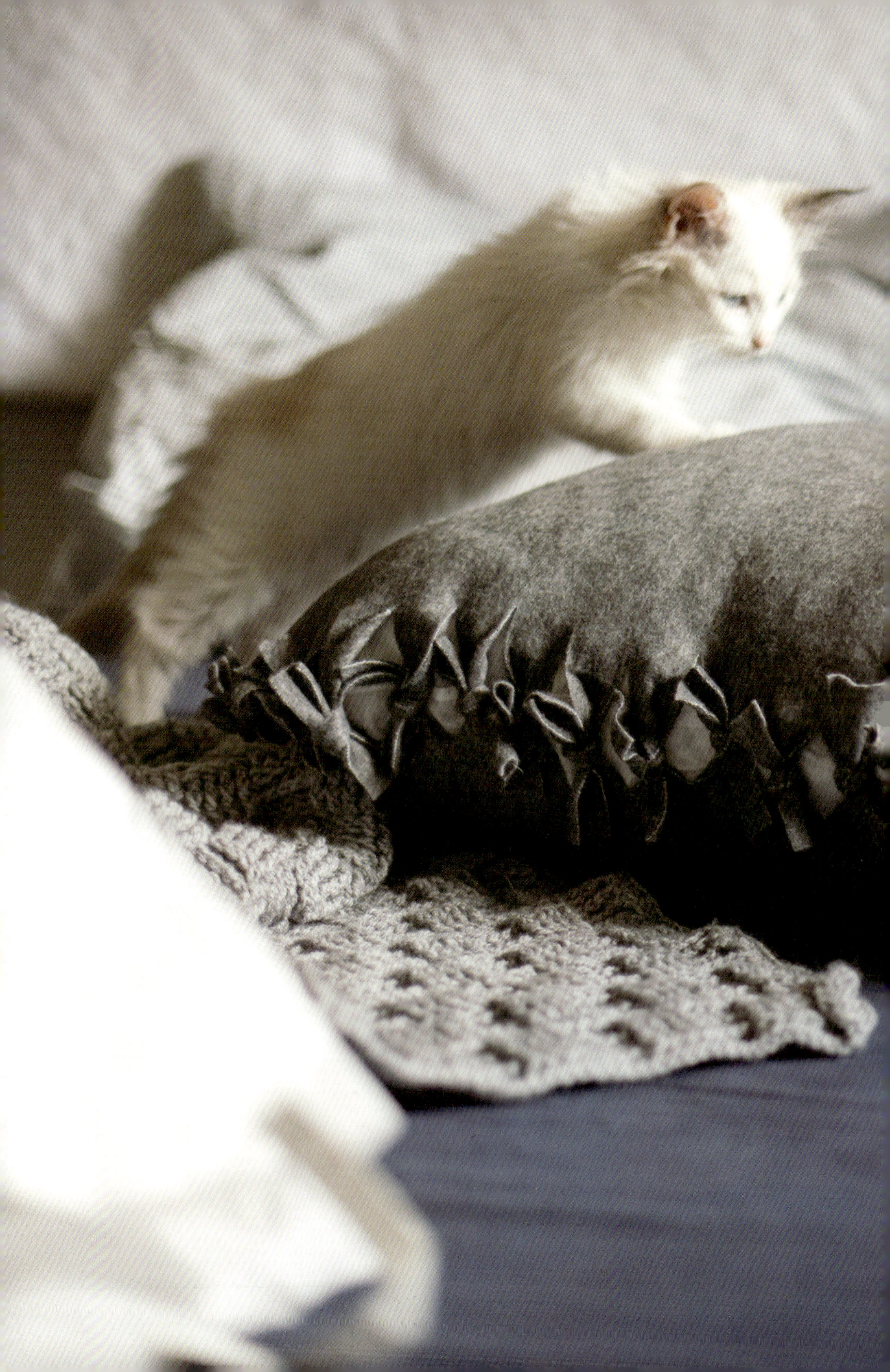

永恆的樂趣

獨立的自娛者

如果我們了解貓在野外如何狩獵，我們就可以善用這些知識，在家裡為貓營造類似的場景。即使我們不在家，家裡的貓也不會感到無聊。

「人若不好奇，就不會有收穫。」這句話也許是好奇心旺盛的歌德在觀察他的貓時突然頓悟的心得。貓具有敏銳又準確的地點記憶，對其周圍環境的地理位置和空間佈局有極好的記憶力。當牠們每日巡視地盤，即便是最微小的變化也逃不過牠們的眼睛。貓主要依靠視覺、聽覺和嗅覺來記住空間佈局，尤其是嗅覺。在貓的認知世界，所有的這些感知印象都會融合在一起，形成一個「認知規劃」，幫助貓在環境中隨時能判斷方位或是確定自己處於什麼樣的環境。一旦貓的大腦裡形成了「認知規劃」，所有事物的位置都會變得十分準確，即使貓閉著眼睛也能應對。在貓的認知裡，每一個物體所處的位置都有它的含意。當物體改變位置，物體原先的含意也會跟著消失。比如當馬桶被移動到新的地方，可能就不會再被貓接受。但別擔心，這不代表你完全不能改變你的居家環境。我們可以掌握的原則是不要大幅度地變動家裡的擺設，生活環境具有穩定的主體結構很重要。但貓可以允許一些變化，這些變化能讓貓對四周環境持續保有想要去探索的好奇心。當我們掌握了這些原則，就可以做到尊重貓的「認知需求」和「地盤需求」。在自己家裡進行一些變化其實不難，但相信大家也不會閒到天天將家裡的每個房間進行大改造，畢竟我們也難以適應生活環境的改變。大家可以想像一下，當浴室格局翻天覆地的改變，我們確實也會在適應上遇到一些困難，尤其是在夜間時分，當我們處於不是十分清醒的情況下，你不覺得連去上個廁所都是一件危險的事嗎？！

當你外出時，你可以留意一些事情，這些事情可以讓你的貓輕鬆獨立地自娛自樂，最重要的是分散注意力，不會把思緒放在「我的主人什麼時候才會回來」的念頭上。當我們想要為貓創造一個更加豐富的環境時，貓就會覺得家裡的地盤變得更加有趣，甚至還會為此激動不已，一個出色的貓樹、窗外有趣的景色，再搭配不同的攀爬選擇、藏身之處及狩獵機會，這些都完全符合貓的愛好。如果貓還有一位合適的伙伴，那就再好不過了。

把家裡打造成多采多姿的環境，貓就可以發揮天生的本性。

有甜蜜的家，就幸福嗎？

貓通常被認為是獨行者。但千萬別因為貓總是獨自狩獵，就認為牠們天生就是獨來獨往的性格。貓之所以會獨自狩獵，這是因為牠們的獵物的體型都比貓還小。事實上，貓非常喜歡有人陪伴，自由自在的家貓會有意識地挑選一些朋友，並與牠們一起漫步度過美好時光。有些貓甚至還會相約，一起出門到戶外走走。

大多數的貓都會因為有第二隻合適的貓陪伴而受益，彼此可以愉快地一起親昵、玩耍、爭吵、放鬆和打發時間。當然這取決於個體的需求和每一隻貓的愛好。貓並非總是像日曆中呈現的那樣，總是大伙兒躺在一起酣睡。真實的情況通常恰好相反，你應該更常見的是家裡的貓各自在不同的區域睡覺。

同類的陪伴是貓對抗無聊的最佳也最簡單保障。另外因為無聊所產生的各種問題，如果有同類的陪伴，這些問題也通常可以輕鬆避免。對於每天需要單獨待上四、五個小時以上的貓來說，如果能夠與其他貓相處，這對牠們會大有好處。

關鍵訣竅：透過簡單方法，帶給你的貓更加豐富的生活。

家庭遊戲

對那些生活在戶外、可以自由活動的貓而言，發現獵物、潛伏和獵捕是牠們在地盤漫步時，生活的重要部分。對於天生的獵捕者來說，沒有狩獵的生活將會非常無聊。當你不在家，請為家裡的貓設置一些可以讓牠們進行有趣獵捕的機會吧！

此類玩具應該根據貓的狩獵習性來設計的形式及外觀，玩具越符合獵物的自然特徵，越有可能引發貓的遊戲行為。除此之外，玩具也必須能夠輕鬆地被爪子撥動，而且不能製造噪音。

老鼠顯然是最受歡迎的獵物之一，但像是昆蟲、蛇蜥、壁虎，還有許多在貓的生活範圍內出現的小生物，這些也都在貓的食物清單上。老鼠大約有拇指大小，所以在選擇玩具時，可以參考這個尺寸。太大的玩具不僅超出被接受的獵物範圍，甚至可能會讓貓感到害怕，並不是每隻貓都有熊心豹子膽，懂得主動去追逐老鼠。除了適當的玩具，還有很多值得我們做的事情，讓貓在沒有人類陪伴的時候，生活可以更加有趣；如果獵物玩具是隨便放在家裡的地板上，對貓來說就會很無聊，因為缺少尋找、探索的刺激。但是，如果可以讓貓在家中地盤的固定路線上「意外」發現獵物玩具，一切就會變得更加刺激。因此，在貓的地盤上，建議可以將貓已經習慣的舊玩具或是主人不斷為貓添購的新道具，連同零食和乾糧，藏在貓固定行走的路線上，也可以藏在貓經常出沒的活動地盤，讓貓每天的生活都有任務可以執行，那就是在家裡找到一些新玩意兒。讓我們一起喚醒貓與生俱來的探索精神及靈敏嗅覺吧！當你下次外出散步時，記得帶點東西回來，讓貓在地盤上漫遊時，可以有意外的發現，例如橡實、核桃、榛果、山核桃或小羽毛，這些物品的尺寸和貓的獵物相似，將這些東西藏在貓經常出沒的地盤通常都不會讓貓失望。順便說一句，如果你用熱水沖洗羽毛，就完全不用擔心衛生問題。主人從戶外帶回來的東西，像樹葉、乾草、小樹枝、貝殼、石頭、沙子或葉子，這些東西都能營造戶外生活的感受，讓貓實際感受到戶外生活的情況。貓能夠用牠們敏銳的嗅覺，嗅出生活的環境裡存在著哪些氣味。

孤獨的貓

實際上，無法適應與同類相處的貓非常少。若有，這些貓通常是在非常早期的階段就與母親和兄弟姐妹分開，導致牠們無法正確地學習貓群中的溝通方式。有這類問題的貓通常會對同類表現出攻擊行為，因為牠們不知道該如何對同類發出的撫慰或友好的信號。小貓與母親及兄弟姐妹相處在一起的時間越長，對牠們的發展越好。若要讓小貓和母親及兄弟姊妹分離，分開的最早時間點是出生滿 12 週之後，但最好的情況讓小貓與同類生活在一起。在成長的過程，與同窩的兄弟姐妹一起生活，對牠們的成長而言，這才是最簡單又有效的方式。

走在歡樂的陽光下

當我們為貓準備玩具時，不論是DIY的玩具，或是從不同地方搜集而來的玩具，都是很推薦的途徑，前提是你知道這些玩具的來源，還有玩具的材質及內容物。但對於大多數人而言，並沒有時間為我們的貓去製作一些東西。幸好市面上有許多絕佳的產品，這些產品非常適合讓貓玩耍，以下就為大家介紹最常見的貓玩具。

› 羊毛氈小球（可在手工藝材料店購買，直徑1.5公分）：這些球可以在家裡輕易又快速地滾動或被拋出，不會被貓不小心吞下，就算被貓放進嘴裡也不會有危險。
› 大小適中的帶殼花生，可以輕巧易彈、迅速彈跳。
› 麵條，如管狀通心粉或螺旋形義大利麵，這類食物同樣擁有完美的尺寸來作為貓的玩具。即便貓咬了一口也不會有什麼事情發生，但必須是未煮過。
› 寵物店裡的老鼠玩具，這也是經典之選，但前提是玩具產品不可以有塑膠製的內部小零件，像是塑膠眼睛或塑膠鼻子，要是脫落容易讓貓誤食。

› 彈跳的玩具球也很刺激，但如果玩具球聞起來有過重的化學味，最好不要買。這些球很可能被添加了軟化劑等化學物質，這些化學物質是用來增加其柔軟性和延展性。

如果你已經下定決心，想快速動手為你的貓製作一些玩具，相信牠們一定會很高興。

› 非常紮實的小紙球。請不要用報紙，因為報紙沾水可能會脫色，對貓的健康有害。
› 切成兩半的葡萄酒軟木塞，這東西能隨意彈跳，由於不容易預測軟木塞的彈跳方向，因此更加刺激。
› 已拆封的衛生棉條（又稱：棉條，圓柱狀的吸收材質）。將衛生棉條的繩子剪短之後，也可作為貓的玩具。
› 包裝除臭劑或防汗劑的「球形容器」也可以成為貓的玩具，但前提是球形容器裡面的除臭劑或防汗劑已經用完。

充滿野性的孩子？

在為期一週的試驗中，BBC利用特製的攝影機觀察50隻貓。結果顯示，這些動物只有20%的時間在戶外，有些甚至根本不出門。這一群貓總共捕獲20隻獵物，平均每隻貓大約只捕獲半隻獵物，這遠低於預期。德國的西南廣播公司（德語：Südwestrundfunk, SWR）也進行類似試驗，並且產生相似的結果。比預期還要多的貓直接在鄰居家裡成功找到食物，而並非靠自己獵捕自然界中的獵物，這是一種有別以往、全新的覓食方式。

獨自與時間的對抗

能夠滿足貓需求的生活環境，不僅必須適合牠們的自然習性，還得填補時間上的無聊。特別是當你不在場時，安全性（參見 P13）尤為重要，畢竟我們不可能時時刻刻都在貓的身邊，當貓發生意外時，我們不可能隨時都能迅速地介入。

› 當你的貓玩新玩具時，請先密切觀察貓和玩具的互動，過一陣子再讓貓和玩具獨處。觀察的目的在於，也許會出現你沒有預料到的問題。
› 品質至上，留心玩具的材質，務必去除尖銳的邊緣、極小的塑膠零件或容易鬆動的部位。如果產品有塑膠，請務必小心，不要讓貓誤食。如果是木製材質也請小心，確保木頭不會裂開。
› 再見憂鬱，請把那些已經變得乏味又無趣的玩具暫時收到一個貓再也無法碰觸到的地方，例如有蓋的箱子裡。過一段時間，當你再次將這些玩具拿出來，曾經被冷落的無趣玩意兒有很高的機率會瞬間讓貓覺得十分有趣。
› 少即是多：當你不在場時，你的貓肯定需要一些能夠讓牠們踢來踢去或追逐的東西，但如果提供過多的刺激，反倒可能會產生反效果。
› 尋找和思考型遊戲：由於貓保留許多野性的基因，因此牠們對獵物始終懷有不減的熱情。當你不在場時，尋找和思考型的遊戲可以成為狩獵的良好替代品。

這裡很美！

家貓是唯一自我馴化的家養動物。在新石器時代，貓會讓自己待在靠近農業社區的地方，因為那裡有大量的各種鼠類，像是老鼠、田鼠、鼴鼠，這些鼠類受到穀物和其他農作物的吸引而出沒。我們生活裡有許多動物都必須經由人類的教導才能完成特定的任務及符合人類的期待，但我們永遠不需要去改變貓，因為牠們已經足夠完美，就像我們現在看到的這樣。

孤獨時的玩具

許多玩具都可以用家裡現有的東西快速製作完成。讓我們一起來做一個小試驗，看看我們的貓最喜歡什麼。

像羽毛一樣輕：
收集羽毛做貓玩具

所需材料

- 羽毛（可自行搜集或上網購買）
- 剪刀、筆和尺
- 用來綑綁的條狀物（可自行選擇，比如用剩的毛線、包裝繩、麻繩或由 T 恤剪成的布條）
- 厚紙板

製作方法

1. 將厚紙板剪成 2.5×6～8 公分的大小。
2. 用剪好的厚紙板，將羽毛的杆部包裹起來，或是也可以先將厚紙板捲成螺旋形，再將羽毛插在螺旋形的中央。最後再用繩子將厚紙板綁緊，讓已經捲成螺旋形的厚紙板不會鬆開，同時也讓羽毛可以固定在厚紙板上。

有時候少即是多：自己搜集的羽毛、一塊厚紙板和一條線，就可以拼湊成一個簡單但又吸引貓的玩具。

小建議

如果羽毛太大,可以用剪刀修剪成適合的形狀。購買的羽毛要小心,他們的來源通常無法追溯,建議還是由自己在生活中搜集。彩色的羽毛不適合食用,甚至可能有毒,請務必小心。

更多變化：
用羽毛綁成羽毛球

所需材料

› 3～5 根小羽毛或中等尺寸的羽毛
› 用來綑綁的條狀物（可自行選擇,比如用剩的毛線、包裝繩、麻繩或由 T 恤剪成的布條）
› 建議額外準備：剪刀和尺

製作方法

1. 在羽毛杆部的地方,用一條繩子將數根羽毛緊密地束在一起。接著適當地調整每一根羽毛的角度,讓整體的外型就像是一顆羽毛球一樣。
2. 如果羽毛的杆部過長,必須將杆部剪短。建議將羽毛的杆部剪短至接近繩子打結的地方。
3. 視情況而定,建議可以將羽毛修剪至 5～6 公分長。

製作非常簡單又快速：一會兒工夫,小小的毛線球就完成！

用叉子做顆毛線球

所需材料

› 叉子
› 全新的毛線或用剩的毛線皆可
› 剪刀

製作方法

1. 將毛線纏繞在叉子鋸齒狀的地方（如上圖）,纏繞的毛線越多,產出的毛線球就越大。為了使纏繞的這一團毛線形成一顆球,我們需要用另一條短毛線,在這團毛線的正中央位置束緊並打結。各大影音平台上可找到多部毛線球作法的教學影片。
2. 將這團毛線的中央束緊,將毛線團從叉子上取下後,必須再剪斷左右兩側的毛線,並將毛線調整成圓球狀,必要時可將毛線稍微剪短,形成漂亮的球體,即可完成！

善用捲筒衛生紙中間的紙筒，為貓提供簡單又效果十足的娛樂。

圓圓的紙球

所需材料

› 1個空的捲筒衛生紙（只需要捲筒衛生紙中間的紙筒）
› 剪刀、筆、尺
› 填充物：零食、乾飼料或小羽毛

製作方法

1. 用一個捲筒衛生紙中間的紙筒裁減出4個紙環，紙環的寬度大約是1.5～2公分寬。
2. 將四個紙環相互結合（如上圖），直到四個紙環形成一個球形，再塞入一些零食、乾飼料或一根小羽毛，最後放在地上，完成！

雙螺旋：衛生紙用完後，中間紙筒別急著丟！

所需材料

› 1個捲筒衛生紙的紙筒
› 剪刀、筆和尺

製作方法

1. 將紙筒切割成數個寬度為1公分的紙環，接著再將這些紙環剪斷,使其變成紙條。
2. 將每一條紙條緊密地捲起來，形成一個小螺旋形。接著左、右手分別捏住紙條的兩個末端，捏住紙條的兩端後，輕輕地向外拉開，變成長條的螺旋形。

蝴蝶結

所需材料

› 1個捲筒衛生紙的紙筒
› 剪刀、筆和尺
› 用剩的毛線、包裝繩或T恤布條

製作方法

1. 將紙筒切割成寬度0.5～1公分的紙條。
2. 將每一條紙條的兩個末端相互結合，形成一個圈，在圈正中間的地方捏緊，接著再用繩子在正中間的地方捆綁起來，最後再稍微調整一下形狀，讓整個外形看起來就像是一個蝴蝶結。

一個容易製作又有趣的玩具：
耐用堅固且容易彎曲，小巧但不易被吞咽，可以很輕易地被拋飛出去。

友好的蜘蛛造型玩具

所需材料

› 1個寶特瓶蓋下方的塑膠環（直徑約 2.5 公分），寶特瓶第一次被打開時，通常都會有一個塑膠環和瓶蓋相連在一起
› 1件不再穿的 T 恤
› 剪刀、筆、尺
› 建議額外準備：膠帶（可由文具店或五金行購得）

製作方法

1. 視情況而定，建議可以將塑膠環纏繞膠帶，讓塑膠環不會斷開。
2. 將布料剪成 8×8 公分的小方塊，接著再將每個方塊剪成寬 1 公分、長 8 公分的布條。
3. 將布條綁到塑膠環上，然後打雙節。每個塑膠環大約需要綁上 20 條布條。

更多變化：環形裝飾物

所需材料

› 1個寶特瓶蓋的塑膠環（直徑約 2.5 公分），寶特瓶第一次被打開時，通常都會有一個塑膠環和瓶蓋相連在一起
› 1件不再穿的 T 恤
› 剪刀、尺
› 建議額外準備：膠帶（可在文具店或五金行購得）

製作方法

1. 視情況而定，建議可以將塑膠環纏繞膠帶，讓塑膠環不會斷開。
2. 用布料剪出一條布，寬度至少 1 公分、長度 15～20 公分。如果剪成這個尺寸，原則上用這一條布來纏繞塑膠環就很足夠。
3. 將這條布先在塑膠環上打結，再將其餘部分緊密地纏繞在整個塑膠環上。一直不斷地纏繞，直到看不見塑膠環為止。
4. 最後將所有布料固定好，讓布料不會脫落或從塑膠環上脫離，並剪掉多餘的布料。

回收再利用已經蔚為風潮，許多貓也覺得獲得全新又好玩的玩具是很棒的事情。

孤獨時的玩具　75

為了消除無聊，為貓提供多采多姿的選擇其實非常簡單。
一個寶特瓶的小塑膠環和一些布料就足夠！

紅酒開瓶器

所需材料

› 厚紙板或捲筒衛生紙的紙筒
› 剪刀、筆和尺
› 條狀物（可由自己選擇），比如用剩的毛線、麻繩或T恤布條

製作方法

1. 將厚紙板剪成3×5公分的尺寸，接著將厚紙板緊密地捲成一根小棍子。
2. 用你選擇的繩子，在棍子中間的地方緊緊地纏繞。纏繞多圈後再多次打結。就這麼簡單！

對許多貓來說，牠們十分喜歡紙片摩擦所發出的聲音，這聲音會讓貓興奮。

旋轉式玩具

所需材料

› 厚紙板
› 剪刀、筆
› 1 個新臺幣一元的硬幣
› 羊毛線、麻繩（五金行），約 20 公分長

製作方法

1. 在厚紙板上畫出幾個硬幣的輪廓並剪下。
2. 用剪刀在每個圓形厚紙板的中心小心地鑽一個孔。
3. 用羊毛線將四個圓形厚紙板串起來。在毛線的前後端打結約 3～4 次，讓四個圓形厚紙板可以被串在一起，最後再剪掉過長的毛線末端。

更多變化：用厚紙板製作小老鼠

所需材料

› 厚紙板
› 剪刀、筆
› 一元、五元和十元硬幣各 1 個
› 毛線或麻繩（可在五金行購得），長度約 20 公分

用紙板做成的「老鼠」，圓形厚紙板互相摩擦會發出刺激的沙沙聲，這很容易激發貓的狩獵本能，引發遊戲的欲望。

製作方法

1. 請使用新臺幣一元、五元和十元硬幣作為樣板。每隻紙老鼠需要四個不同尺寸的圓形厚紙板。剪出不同尺寸的圓形厚紙板之後，在每個圓形厚紙板的中心小心地鑽一個孔。
2. 按照以下順序將不同尺寸的圓形厚紙板串起來：一元硬幣的紙板 2 個、五元硬幣的紙板 2 個、十元硬幣的紙板 4 個、五元硬幣的紙板 2 個、一元硬幣的紙板 2 個。串起這些圓形厚紙板之後，紙老鼠的身體就形成了。
3. 在毛線的前後兩端牢固地打結，讓所有圓形厚紙板不會散開。其中一端的毛線，請直接在距離打結不遠的地方剪斷毛線，至於另一端的毛線，請留下大約 4 公分長的線，這將作為老鼠的尾巴，線的最末端再打上 1～2 個結。

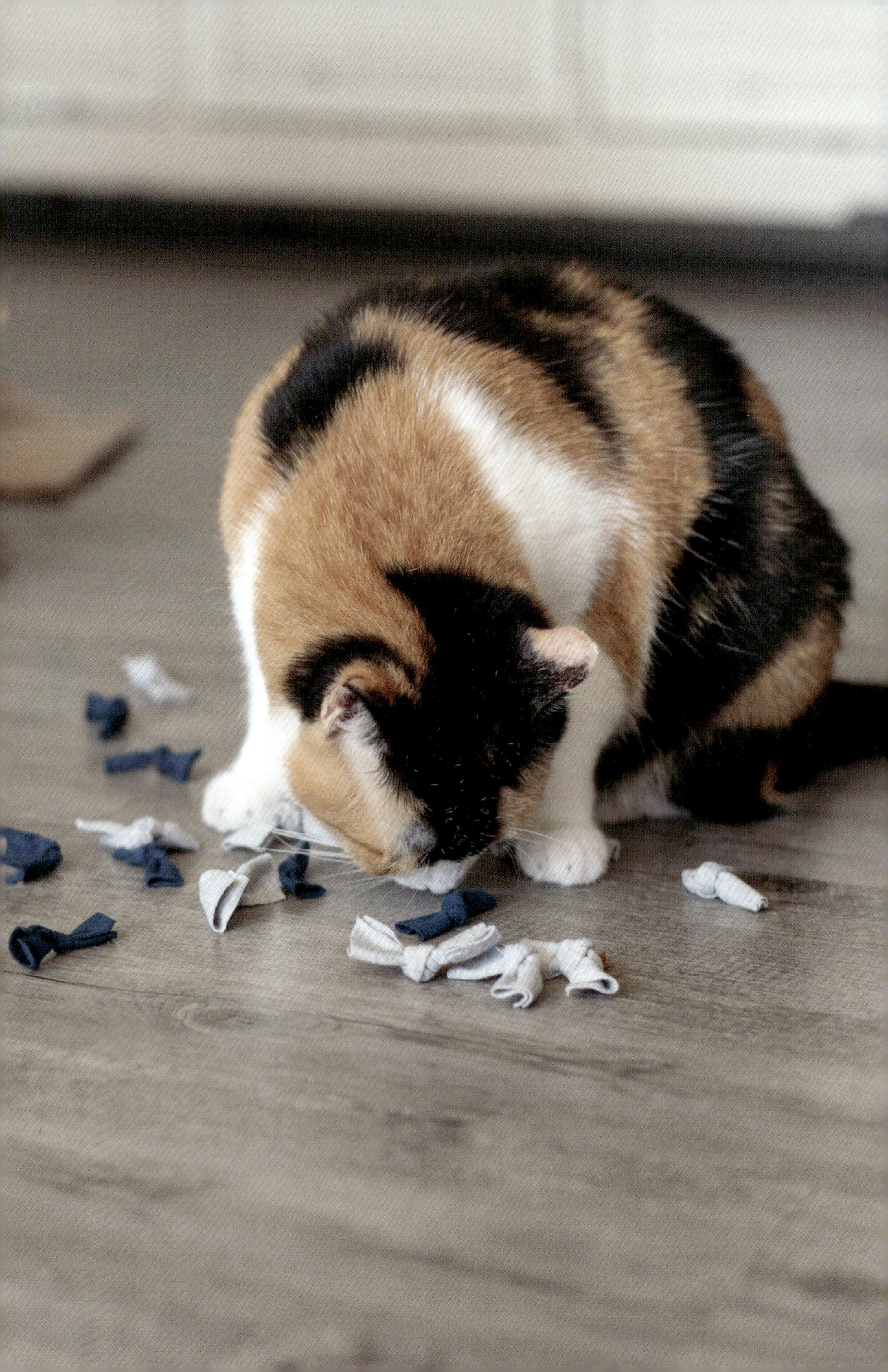

把 T 恤綁成海帶結

所需材料

› 1 件不再穿的 T 恤
› 剪刀、筆、尺

製作方法

1. 你有吃過海帶結嗎？接下來讓我們用 T 恤布料為貓做海帶結玩具。首先，將布料剪成 4×9 公分的尺寸。
2. 將每塊布對折，對折後的尺寸會變成 2×9 公分。接著在布中間打一個結，形成海帶節的樣子。打結處左右兩側的布料可以剪掉一些，使總長度約為 5～5.5 公分。

更多變化：將 T 恤做成章魚

所需材料

› 1 件不再穿的 T 恤
› 剪刀、尺

製作方法

1. 用 T 恤的布料剪出 6～8 條長度為 10 公分的布條。建議布條的寬度是 2～3 公分。這些布條將做成章魚的觸手。
2. 將剪裁好的布條疊成「米」字型，意即在正中間的地方，布條相互重疊。若你希望製作一隻有更多觸手的章魚，疊出「米」字型之後，可以再放上更多布條。接著，再用最後一條布條，將布條相互重疊的中心點打結，讓所有布條不會散開。
3. 最後，在每條布條的末端處打結，如此布條看起來就更像是章魚的觸手。

快速的打呼

貓每分鐘大約打呼 1,500 次。每隻貓在其一生中，平均打呼約 10,950 個小時。

透過 DIY，一件不會再穿的 T 恤很快就能變成有趣的玩具。

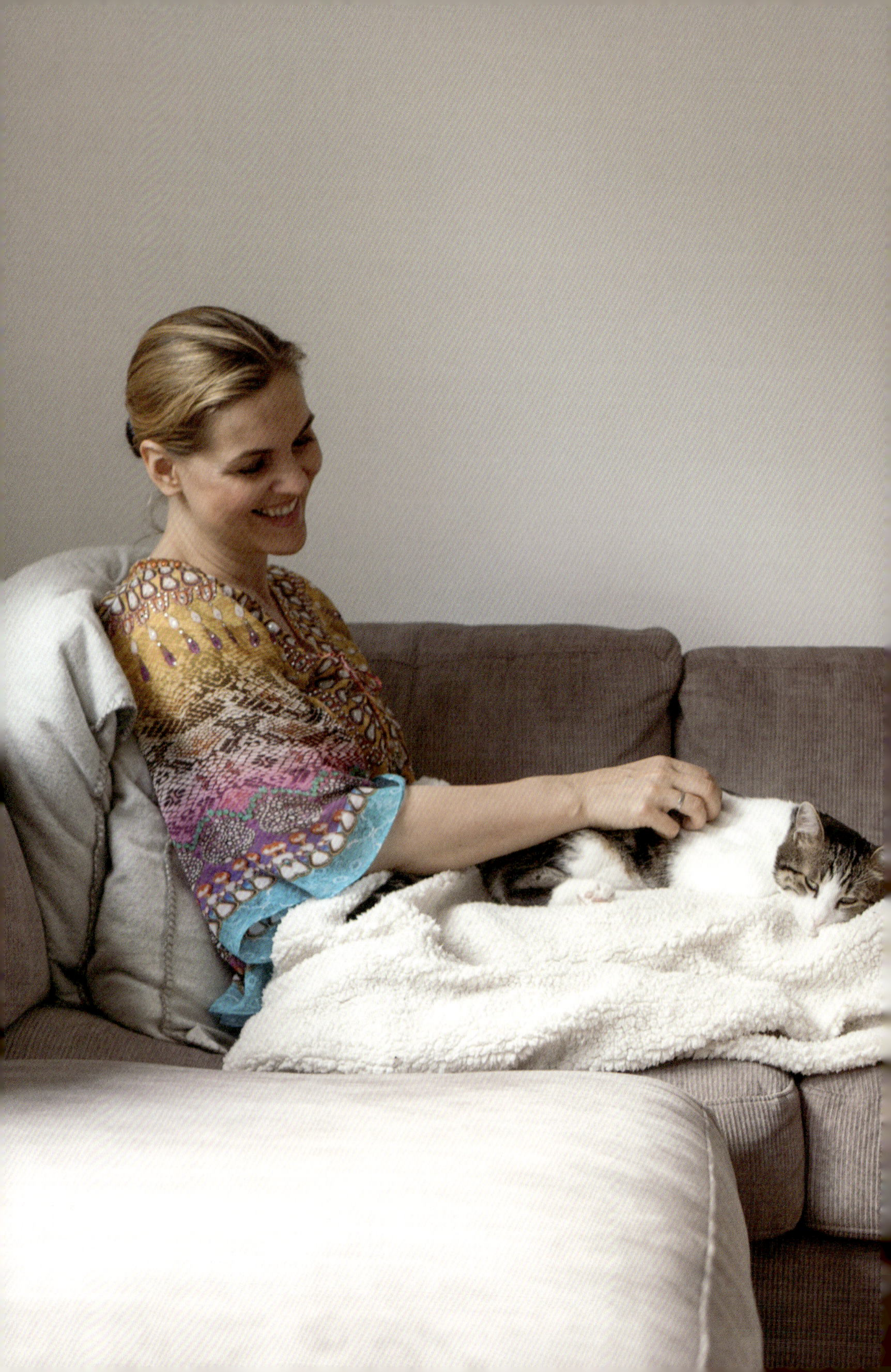

就像在天堂一樣

徒勞的抵抗

不論一天有多美好，對貓來說，應該都不會比這件事更令貓嚮往，那就是在一天即將結束的時候，與心愛的主人一起玩耍。

過去我們總認為，貓只會對牠們的地盤產生依戀。如今科學已經證明，貓與人類之間可以建立起非常緊密的關係。在所有的家庭寵物當中，貓是唯一會與主人建立親密關係，卻同時保有其獨立自主性格的動物。

身為主人的我們，經常扮演母貓的角色，幫貓保持生活環境的清潔，並且照料和餵養牠們。正因為我們經常扮演母貓的角色，與我們共同生活的貓也表現得像小貓一樣。當牠們感到被拋棄或感到寒冷時，牠們會像在同類團體中那樣，開始喵喵叫。喵喵叫對母貓來說是一個警告信號，在這種情況下，母貓會迅速做出反應，我們人類也會對這種喵喵聲迅速作出反應，尤其如果你已經為人父母，你不覺得貓叫聲很像嬰兒的聲音嗎？貓發出的喵喵聲，通常帶有哀怨、楚楚可憐的感覺，這聲音與嬰兒嚎啕大哭的聲音具有相似的頻率！貓很快就能學會一件事，那就是當牠們發出特定的聲音時，主人會如何回應牠們的叫聲。當學會之後，貓甚至知道如何用最適當的叫聲來操控牠們的主人。貓一旦找到了能成功吸引主人注意力的叫聲，在往後的日子裡，這聲音肯定會持續在家裡不斷出現。除了發出喵喵的叫聲，貓也會有目的地使用打呼聲來吸引主人的注意，巧妙地將高音調的喵喵聲融入到低沉的打呼聲中，不知你是否聽過呢？最後再說一個有趣的現象。養在室內的家貓的發聲方式與野生貓的發聲方式有所不同。造成此現象的原因，可能是因為貓和人類建立了親密關係之後，貓和人類之間的關係已經對「貓語」產生影響。

完美的打呼聲

母貓會透過打呼聲告訴剛出生的小貓自己身處何地，因為剛出生的小貓無法聽見，也看不到任何東西，小貓必須透過母貓打呼聲的震動來定位媽媽的位置，如此才能找到媽媽取暖跟喝奶。小貓從出生的第一週就會打呼，這對母貓來說也是一種信號，表示牠們的孩子一切安好。

一個朋友，
一個很要好的朋友

當貓對牠們的主人表達愛意，牠們展現的行為與牠們對待同類的方式完全相同，友好地搖擺著尾巴，然後走到主人的身邊不斷磨蹭，又或是坐在人類身邊舔著牠們的主人，就像貓之間會互相梳理那樣。

當人類彼此聊天，我們的手勢習慣指向某個東西，這是人類常見的行為。當然我們也以同樣的方式與貓交流。我們其實就像貓一樣，很難改變本性。

科學研究已經證明，貓會遵循人類的手勢找到自己的食物。不僅如此，在不安全的情況下，牠們會尋求及依賴信任的人類。在心理學有一個名詞叫作「社會性參照（德語：Sozialen Referenzierung）」，指的是嬰兒或兒童會向父母尋求安慰及安全感。在陌生的環境裡，嬰兒或兒童會看向自己的父母，只要熟悉的人沒有表現恐懼，他們就不必害怕。貓非常留意人類的一舉一動，也會對人類的情緒做出反應，所以「社會性參照」在貓身上也存在。

貓以不同的方式展示牠們對主人的愛，你的貓是否會走向你，然後用額頭摩擦你的腳呢？是否也會在柔軟的物體上，用前爪緩慢地交替踩踏呢？不論是蹭頭、踩踏，或只是單純地靠近，這些都是貓表達對主人喜愛和依賴的方式。

和主人膩在一起玩耍是最美好的時光！彼此建立信任能為貓提供適度的活動量，更重要的是為生活創造滿滿的樂趣。

狗是生活在群體中的動物，而人類則是生活在各自的家庭，這兩者存在著相似之處，相比之下，貓則是社交的獨行者。為了和人類建立親密關係，貓會努力嘗試，將自己的行為調整為能夠讓自己融入人類世界的社交行為，但這需要很強大的適應能力。這不僅是一項令人驚訝的成就，也是展現出貓的高智商，從此處更能看出貓具有快速的理解力。根據貓科動物學家-鄧尼斯·C·特納（Dennis C. Turner）的說法，人類與貓咪之間的關係已經具有真正社會伙伴關係的所有特徵。

當我們滿足貓的願望越多（例如玩耍、親昵、交談、餵食），貓就會更加願意回報主人的期望。科學研究已經證明，隨著時間的推移，人類和貓之間會建立一種密切關係，這種關係已經相當於一對老夫妻在日常生活中的行為模式，像是固定會經歷的儀式或習慣執行的例行公事。

有時候，當貓與人類的關係變得過於密切時，可能會導致「分離焦慮」。在某些情況下，一些因素也可能會增加貓在日後罹患「焦慮症」的風險，比如與母貓分離得太早。當然，並非每隻貓都會因此產生心理問題。

一切都是時間的問題

貓與人類的緊密聯繫，這首先意味著貓願意與人類共度時光，貓肯定不喜歡太多孤獨的時間。針對那些完全沒有同類的家貓來說，每天獨自待上四到五小時已經是最大極限。如果家裡可以有兩隻貓，那麼情況就會有所不同，但即便你家裡已經有多隻貓，仍建議每天不要讓貓超過十個小時都沒有和人類接觸，就算你再忙，每12個小時內依舊要和你的貓有所互動。對貓來說，能和主人一起生活，這意味著無聊的時光可以大幅減少，而對貓主人來說，能和貓生活在一起意味著雙倍的快樂。

當人類離開貓的時候，通常是為了休息，但貓並不會在整個無人陪伴的時間裡都在睡覺。在清醒的時候，活動筋骨和從事一些有趣的活動必不可少。具有吸引力的遊戲或娛樂設施、足夠隱蔽的隱私空間或有趣的景色，這些都可以有效填補主人無法陪伴的時光。上述建議都是排除貓生活中的無聊的絕佳方式，如此貓就不會因為太無聊而把家裡弄得一團糟。即使我們已經為貓準備最理想的環境，甚至在家裡養了多隻貓讓牠們之間成為最好的伙伴，但這些仍無法取代貓與主人相處的時間。

青花菜少將

2005 年，一隻名為「青花菜」的虎貓在瑞士的利斯軍營定居下來。牠在幾年前正式被瑞士軍隊錄用，授予「少將」軍銜，網路上的相關報導便以「青花菜少將（德語：Brigadier Broccoli）」來稱呼這隻貓。青花菜少將被授予軍銜後，成為瑞士聯邦裡三隻正式登記的貓之一。牠的另外兩隻毛茸茸同伴被正式「聘用」來捕鼠，而青花菜少將則沒有正式的工作，在軍營裡只負責傳播快樂。2021 年 8 月，青花菜少將在營區裡過世，一生扮演部隊的吉祥物。

不可缺少的玩具

在家裡玩耍是一種美好的狩獵替代方式，而逗貓棒可以簡單且效地模擬獵物。在逗貓開心這方面，幾乎沒有任何玩具能比逗貓棒更容易讓貓開心！

對於野生的貓來說，狩獵是最重要的活動之一，可能佔據一天的十個小時。在這段時間內，牠們可能會捕殺十到二十隻老鼠。因此如果沒有每日的狩獵，只是單純處於室內環境中，牠們會剩下很多動力和精力。貓是自然環境中的完美獵人，擅長潛行狩獵，我們若能在家中為貓佈置一些遊戲，這些玩耍將是狩獵的最佳替代方式。在一天中，將遊戲分散在不同時間進行，可以提供貓良好的消遣，除了滿足牠們每天運動需求，還可以保持健康。多次短時間的遊戲比晚上長時間的玩耍更有意義，這其實也符合貓的本性，牠們是短跑運動員，而不是馬拉松選手，並且在遊戲後需要時間進行恢復。建議各位主人，每天當你離家之前，你可以和貓進行一些遊戲，疲憊的貓會因此少鬧騰，更願意在主人不在家時好好休息。

「玩耍」總是令貓愉悅，這有助於牠們放鬆，可謂是狩獵的完美替代方式。當你與貓一起玩耍時，在貓的認知裡，就像是母貓透過遊戲不斷訓練小貓進行狩獵一樣，這些遊戲能使牠們保持身體和精神上的健康。

由於貓與人類的關係密切，當貓發現心愛的主人就在逗貓棒的盡頭時，對貓來說，這肯定是最美好的時刻。沒有任何玩具的有趣程度能與逗貓棒相比，包括那些能能自動旋轉的玩具。

哪些要素能構成一枝好的逗貓棒？

一枝好的逗貓棒如果能觸發越多的關鍵刺激，就越具吸引力。比如母貓捕捉到巢裡的獵物不盡相同，貓也因此會對特定的獵物產生偏愛，例如老鼠、昆蟲、鳥類、蛇等等。

小小的牙齒

「咬合抑制（又稱：咬傷抑制）」是一種食肉動物天生的保護機制，在這種機制中，優勢動物不會對劣勢動物造成嚴重傷害，因為優勢動物會懂得克制自己，不會將對方咬傷，因此貓的「咬合抑制」行為可阻止兄弟姐妹在遊戲中互相嚴重受傷。但是當貓在實際狩獵時，「咬合抑制」就會消失，畢竟貓需要咬死獵物來填飽肚子。如果貓沒有將獵物咬死，這表示貓只是單純想和獵物玩耍，故在玩耍的過程中出現「咬合抑制」的行為。通常當一群貓試圖搶奪稀有獵物時，貓會秉持「現在不爭取就再也沒機會」的原則，因此貓會放棄「咬合抑制」，導致老鼠被殺死。這其實也驗證了一項真理：「競爭激發求生意志！」

一根好的逗貓棒必須盡可能符合貓所偏愛的獵物的形式，此外玩耍的方式也扮演非常重要的角色。當你和貓玩耍時，最好將逗貓棒移動得像獵物一樣，這樣可以刺激更多的感官並激發貓的獵食本能。使用逗貓棒和貓玩耍時，一個大範圍的活動空間通常是有幫助。對我們來說，逗貓棒還有一個小優勢，使用逗貓棒時，我們身體不需要有太多大幅度的動作，這能保護我們的背部。貓對於迅速從視線中消失的動作會有所反應，這就像每當老鼠看到貓並且理所當然地逃跑及躲藏時，總會引誘貓上演一齣窮追老鼠的戲碼。你可以模仿這種行為，將逗貓棒快速地在地板上「逃跑」，並讓「獵物」（建議可以準備貓喜歡的零食）就躲藏在某個角落後面，然後靜待片刻。大多數的貓通常在此時會好奇地跑過來，然後準備跳躍，捕捉我們已經事先為貓準備好的「獵物」。將一根逗貓棒藏在毛毯或毛巾下，從貓的角度來看，這模擬在田野中發現老鼠的情景，又或是發現老鼠在藏身處的情景。在遊戲中，緩慢的動作（如埋伏、悄悄接近）必須與快速的動作交替進行。如果一隻貓在數分鐘內瘋狂地來回追逐，這會讓牠們備感壓力，而不是讓牠們感到滿足。比如使用雷射筆和貓進行遊戲時，貓不會因為瘋狂追逐雷射筆的光點而感到雀躍，沒有喘息的追逐反而會帶給貓龐大的壓力。在這種遊戲中，由於貓無法實際抓到東西，這更可能會導致貓的行為方式開始出現問題，畢竟貓是十分成功導向的動物，此外雷射筆遊戲對於貓的眼睛來說始終存在一定的受傷風險。

和你的貓一起玩耍，比想像中還要簡單，只要你願意留意一些事項。

重要提醒：品質永遠比數量更重要！一枝好的逗貓棒必須製作結實。即使我們為貓設計最好的觸發刺激和最精彩的玩法，但如果逗貓棒很快就斷裂，那有什麼用呢？上述情況不僅會突然終止遊戲的樂趣，還可能會讓貓感到害怕。

我們通常都以為貓很玻璃心，實際上卻相反，貓在許多情況下都更加容忍和堅強。然而，在某些方面，許多貓確實十分吹毛求疵，包括固定的餵食時間及共同的遊戲時間，當然也包括親昵的時刻。

最後但同樣重要的是，不要忘記，貓可以讀懂你的情緒。如果對你來說，遊戲只是一種麻煩的義務，即使是最愛玩耍的貓也會失去對玩耍的興致和熱情。

手作特製逗貓棒！

過程就是目標：在為貓製作玩具的過程中，每個步驟都能帶來樂趣，這些步驟會被貓仔細檢查、管控及實際參與體驗。

皮繩逗貓棒

所需材料

› 1 根木棍或竹棍（購自五金行或手工用品店），長約 50 公分
› 1 條皮繩，長度為 150 公分
› 膠帶（購自五金行或文具店）或防水絕緣的熱縮套管（購自五金行）
› 剪刀

皮革對許多貓來說有無法抗拒的吸引力。請確保每條皮繩都牢固地固定在逗貓棒上。

小建議

膠帶有各種顏色和圖案可供選擇，而挑選熱縮套管時，熱縮套管通常都是以不同顏色和尺寸（4.8～12 公釐）的組合包裝出售。一起來為我們的貓手作一枝特製的逗貓棒吧！

製作方法

1. 將皮繩修剪至 100 公分長。使用膠帶或熱縮套管，將皮繩的其中一個末端緊緊地固定在木棍或竹棍上。
2. 將剩餘的皮繩再剪成四至五條長度大約 10 公分的短皮繩，接著用膠帶在這些短皮繩的末端，將這些短皮繩捆在一起，形成流蘇狀，最後再用膠帶或熱縮套管，將這一束短皮繩和長皮繩的另一個末端固定在一起（如 P89 的圖）。

人類如何與貓相遇？

據說有一位羅馬商人曾經從他的一趟旅行中帶回一隻貓寶寶給他的妻子。這隻貓（尚無確切的資料能證明，當時的貓是否已經開始用於捕捉老鼠）不僅迅速地俘虜這位羅馬婦人的心，而且在這個永恆之城中，逐漸取代一直用於捕鼠的貂。貓之所以逐漸取代貂的另一個可能原因，是貓的氣味沒有那麼刺鼻。

為確保遊戲的樂趣，絕對需要一枝符合貓咪天性的逗貓棒，也需要引起貓咪興致的刺激玩法。最後，同樣重要的是，我們必須和貓一起參與其中，共同享受遊戲的樂趣！

簡單好用！好的逗貓棒無疑能帶來嬉戲、樂趣和刺激。

更多款式的逗貓棒

所需材料

> 1 根木棍或竹棍（可由建材店或手工用品店購得），長約 50 公分
> 1 條實心塑膠條，長 80 公分，寬 3 公釐（縫紉用品店）
> 膠帶（建材店或文具店）或熱縮套管（建材店）
> 1 條塑膠管（建材店），直徑 10 公釐，長 15 公分
> 剪刀

製作方法

1. 將塑膠管的一端固定在木棍或竹棍上，接著再用膠帶將塑膠管及木棍的接合處固定。接著將塑膠管的另一端與實心塑膠條的其中一端接上，一樣用膠帶將接合處牢牢固定。

2. 將實心塑膠條的另一端剪成流蘇狀。這些流蘇特別吸引貓，因為一條又一條的流蘇，其尺寸就和昆蟲的大小一樣。

更多變化：布球逗貓棒

所需材料

› 1 件不再穿的 T 恤
› 剪刀、尺
› 叉子

製作方法

1. 使用 T 恤的布料，剪出數條寬度為 0.5 ～ 1.0 公分的布條，接著將這些布條兩兩打結在一起，最終形成一條更長的布條。需要的布條總長度約為 40 公分，請將多餘的部分剪掉。

2. 將這條 40 公分的布條纏繞在叉子上鋸齒狀的地方，需纏繞數圈，再用一條較短的布條，在整團布的正中間打結綁緊。上述步驟和製作毛線球的步驟一樣（參見 P71）。接著，將纏繞在叉子上的整團布取下，然後小心地剪斷左右兩側的布，使其形成一顆布球。在布球正中央打結的那條布條要多預留一小段長度，目的是要用來和塑膠實心圓條綁在一起。

3. 用膠帶或熱縮套管，將布球和塑膠實心圓條的一端固定在一起。建議可以將布球的四周圍剪短至適當的大小。布球越小，看起來越像一隻肥胖的大黃蜂。

海明威貓

在 20 世紀 30 年代，以《老人與海》榮獲諾貝爾文學獎的美國作家——歐尼斯特・海明威從一位船長那裡得到了一隻非常特別的動物作為禮物：一隻雄性貓，取名為「雪球」，牠的前爪不是正常的五趾，而是一隻基因突變的六趾貓！「雪球」是海明威的第一隻貓，這隻貓奠定多指症的海明威貓的基礎，而這一貓種至今仍然存在。海明威是著名的貓奴，逝世後他的故居轉型為博物館，「雪球」的後代子孫也在故居中繼續自在生活、受人照料，甚至成為觀光焦點。

我們和貓玩耍的方式很大程度上會影響遊戲的刺激感。
把逗貓棒妥善藏好,讓貓必須潛伏才能抓到。

螺旋髮圈
也能用來製作逗貓棒

所需材料

› 1 根筷子
› 1 條螺旋塑膠環形髮圈（藥妝店）
› 1 根 3 公釐寬、100 公分長的塑膠實心圓條（縫紉用品店）
› 膠帶（五金行、文具店）
› 剪刀

製作方法

1. 將螺旋塑膠環形髮圈剪斷，將髮圈的一端用膠帶固定在筷子上。將髮圈的另一端與塑膠實心圓條相連接。請注意，髮圈和塑膠實心圓條接合的地方必須平滑，不可有任何髮圈的塑膠凸出，因為凸出的地方通常很銳利，容易傷到貓的眼睛。
2. 靠近塑膠實心圓條的另一個末端處須打一個結，從打結的地方到最末端的距離約 5 至 7 公分，接著請將這一小段剪成細長而分散的流蘇狀，完成！

具優勢的爪子

美國和英國科學家已證明，公貓更喜歡用左前爪拍打玩具或獵物，而母貓更傾向於使用右前爪。

附加參考資料

推薦書籍

- Busch, Marlies：*Taschenatlas Pflanzen für Heimtiere. Gut oder giftig?* Verlag Eugen Ulmer, Stuttgart 2014
- Evans, Mark：*Katzenkinder aufziehen.* Verlag Eugen Ulmer, Stuttgart 2010
- Gollmann, Birgit：*Katzen. Selbstbewusst - klug - verspielt.* Verlag Eugen Ulmer, Stuttgart 2005
- Grandin, Temple：*Making Animals Happy.* Bloomsbury, London 2010
- Grotegut, Heike：*Alles für die Katz'. 88 Katzenspiele einfach selbst gemacht.* Verlag Eugen Ulmer, Stuttgart 2016
- Kurschus, Andrea：*Meine Katze versteht mich. Wie uns die Spiegelneuronen verbinden.* Verlag Eugen Ulmer, Stuttgart 2015
- Leyhausen, Paul：*Katzenseele: Wesen und Sozialverhalten.* Kosmos, Stuttgart 2005
- Schär, Rosemarie：*Die Hauskatze. Lebensweise, Verhalten und Ansprüche.* Verlag Eugen Ulmer, Stuttgart 2009
- Schroll, Sabine：*Lauter reizende … alte Katzen! Krankheiten, Verhalten und Pflege.* BoD, Norderstedt 2014
- Schneider, Gabriele：*Hund und Katze gemeinsam halten.* Verlag Eugen Ulmer, Stuttgart 2009
- Tabor, Roger：*Die Sprache der Katzen: Mimik, Laute, Körpersignale.* Verlag Eugen Ulmer, Stuttgart 2006

推薦網站資源

- **www.tiercouch.de**
  作者網站，提供有關貓、行為研究和貓心理學的最新資訊。
- **www.tasso.net**
- **www.registrier-dein-tier.de**
  TASSO 和德國寵物註冊中心提供免費的註冊寵物服務，讓主人可以在寵物迷路時有找回牠們的機會，這項服務已有 30 多年歷史。
- **www.botanikus.de/Botanik3/Tiere/Katzen/katzen.html**
- **www.vetpharm.uzh.ch/clinitox**
  有毒還是無害？在以上的植物資料庫裡，你可以快速了解哪些植物對你的貓是安全的。
- **www.facebook.com/LifeOfLauri**
  網路上的貓漫畫，描述了人類和貓之間的常見生活情景。

關於作者

海克・葛羅特古 Heike Grotegut

目前與丈夫、三隻公貓和一隻狗住在科隆。在德國帕特伯恩（Paderborn）和科隆（Köln）學習了德語文學，並完成專業資訊技術人員的培訓。在科隆的馬克斯・普朗克研究院（Max-Planck-Institut）擔任網路和系統管理員數年後，開始在瑞士兼職學習動物心理學。

過去幾年一直從事貓咪心理學工作，並以貓咪心理學家的身分多次在各大媒體和電視節目中擔任來賓，例如《動物尋找一個家》、《Quarks & Co.》和《知識星球》等節目。

致謝

感謝你，親愛的 Bruno，總是讓我笑得人仰馬翻，讓壓力和陰暗的念頭消失得無影無蹤。我完全無法想像沒有笑聲和幽默的生活會是什麼樣子。感謝你的傾聽，但也感謝有時你會裝作沒聽見。你是最棒的！

當然也要感謝我的貓，他們積極參與我所提出的想法規劃、試行和品質保證。感謝你們安撫人心的打呼聲和親昵的擁抱，感謝你們願意一起參與所有的有趣遊戲並保持始終如一的好心情。親愛的 Paulchen，我們這位貓群中唯一的狗，感謝你每天都以一如既往的快樂使我感到愉悅。如果要說這世上是否有最像貓的狗，我想除了你，沒有其他狗能和你匹敵了。相信我，總有一天，你也一定能學會打呼的。

當然，我也要感謝我的編輯 Kathrin Gutmann，感謝你總是以平常心和專業的精神，堅持不懈、不撓不屈地指導本書。

我要感謝親愛的 Gabi Franz，謝謝你總是給我最棒的支持。我很高興我們又再次有合作的機會，能與你一起工作真的是一種享受。

我要感謝 Janne Reichert，謝謝你提供許多像夢境一樣美麗的圖片。對我來說，你永遠絕對是我的第一選擇。能夠再次合作，我感到非常高興。

最後，我要感謝參與本書的所有「兩隻腳」和「四隻腳」模特兒們，感謝你們的大力支持。沒有你們，本書不可能有完成的一天，很高興你們都能參與其中！

特別向貓咪模特兒們致以最崇高的讚揚：Cooper、Audrey、Costa、Lucky、Eddy、Rockstar、Krümmel、Löwe、Louis、Missy、Silke、Holly 及 Toni， 還要感謝德國利弗庫森動物收容所（www.tsvlev.de）裡的 Bussi、Kleines 及 Joker。

圖片來源

內頁和封面上的所有照片均來自科隆的 Janne Reichert。

插圖由來自波鴻 - 瓦滕沙伊德區的 Siegrfried Lokau 繪製。

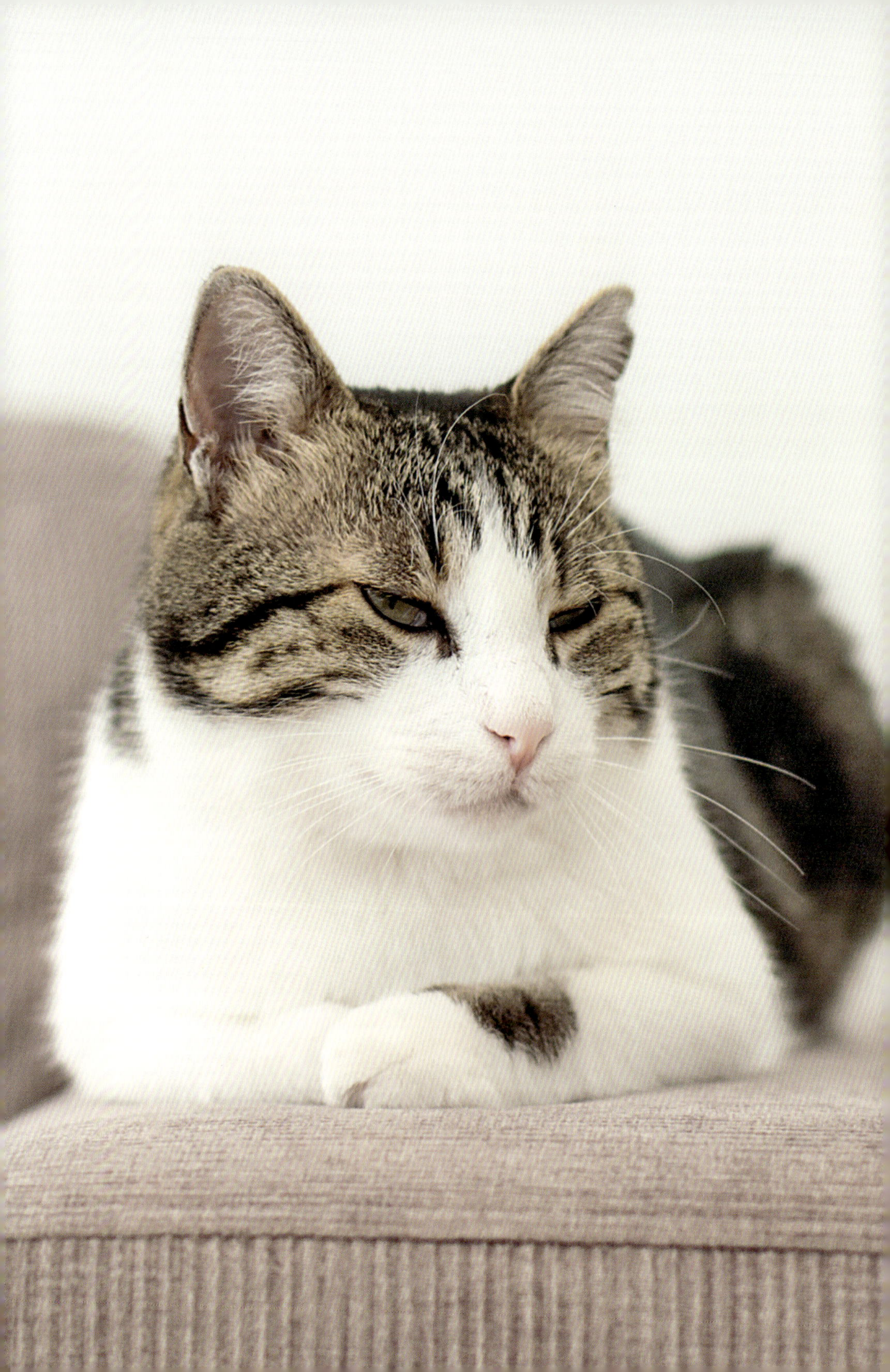

讓貓保持幸福和健康的八項建議

友誼

如果家裡可以養兩隻或三隻貓，可以為貓和主人的生活帶來更多的樂趣，這也是更適合貓的生活環境。

- 貓既需要社交，卻也是獨行者，比如牠們會獨自狩獵。由於貓的獵物通常都比牠們自己更小，因此貓在狩獵時，原則上不需要其他貓的支援。然而，狩獵之外的時間，貓還是需要與同類相處在一起。
- 貓彼此之間互相梳理時，通常會幫對方梳理自己難以到達的部位。
- 貓會遵循所謂的「時間共用原則」，共同使用的（居住）空間按時間錯開使用，這樣就能很好地利用相同的資源，而不會互相干擾。

狩獵工作

貓是完美的獵手，牠們一天經常會花長達11小時進行潛伏狩獵。然而人類更喜歡看到牠們撒嬌親昵，而不是獵食者的姿態。

- 貓總是趁食物還是新鮮的狀態時，食用牠們的獵物，因此貓不會儲存食物。由於捕獲的獵物通常很小，所以貓需要在一天中多次捕獵，才能保證食物供應充足。
- 即使是受到良好餵養的貓也會花費長達3小時的時間進行狩獵。在純粹的室內生活環境中，由於貓缺乏狩獵的活動，因此可以透過每天的遊戲來彌補。
- 味覺強烈影響貓對偏愛獵物的選擇，苦味的昆蟲或以昆蟲為食的動物，這些都會被貓避諱。

隱蔽空間

除了兩三隻貓朋友、精彩的遊戲和絕佳的景觀外，為毛茸茸室友提供充足且備受保護的隱蔽空間也是不可或缺。

俯瞰

「在牆上，窺伺埋伏，躺著……」這一定是貓才會有的行為。專注觀察卻不被發現，這完全符合我們最喜愛的貓的性格。

- 當我們感到不安時，我們往往會關上門，讓自己沉浸在獨處的空間裡。同樣，貓也是有這種需求的動物，因此請務必讓貓享有足夠的隱蔽空間，當環境對牠們來說變得太過喧囂或令人生畏時，或是當牠們需要遠離其他動物或人類朋友時，這些空間能提供保護和安全感。
- 貓越是感到不安全，牠們的隱蔽空間就越需要受到保護。不管誰闖入這個區域，都可能會讓貓感到恐懼和壓力。
- 一如既往，貓會根據自己的喜好決定自己需要的隱蔽空間，例如床底下、床櫃裡、沙發下或沙發後面，有時候衣櫃或櫃子上的一個小盒子，這些地方也會讓牠們感到安全。

- 如果是從一個受保護的區域觀察周圍環境，那麼像貓這樣的潛伏獵手很少會錯過狩獵的機會。在家裡，沙發、桌子或睡椅的下方就像在野外的灌木叢一樣，這些地方都是受保護的區域，讓貓可以安心觀察四周。貓樹的上方、書架的上層或櫃子上的位置，這些地方就像綠色樹冠一樣，提供了絕佳的視野。
- 貓的電視：透過窗戶向外看，這些向外眺望的自由視野，經常包含有趣的景象和娛樂的畫面。因此，窗台就像是貓的電視，這個地方應始終保持暢通，讓貓可以輕易自由進出。

多維度生活

貓不會只在一個維度上生活，牠們在自然環境中會穿越各種崎嶇不平的地形、攀爬樹木或沿著屋頂漫步。

- 對貓來說，在不同的高度巡遊牠們的地盤是很正常的生活習慣，所以像是瓦斯爐、排油煙機或餐桌，這些地方都可以是貓在家中的地盤，差別只在於高度不同而已。

- 為貓提供不同高度的地盤，這樣牠們在家裡四處走動時，就更能符合貓的嗜好。提供不同高度的地盤其實可以輕鬆實現，比如說我們可以準備櫃子或書架，讓貓可以自由活動。利用一般組裝書架的木板，一樣可以輕鬆製作貓步道，我們只需要使用雙面膠，將麻繩或地毯固定在貓步道上，達到防滑的效果即可。

良好的飲食

適合貓的食物不僅可以促進牠們的健康，還可以預防貓的行為出現偏差。

- 貓是起源於乾旱的半沙漠地區，因此貓的身體所需的水分，大部分都是從獵物中獲得。另外當貓漫遊在自然環境的地盤時，如果有遇到喝水的地方，牠們也會補充水分。我們可以簡單地模仿這種自然情景，將喝水的地方設置在距離飼料兩公尺的地方。

- 貓的食物應該包括什麼？一切都是構成老鼠的成分：高品質的蛋白質，如肌肉、內臟等。貓不需要糖，而穀物只能被少量消化代謝，但其實大部分的情況是穀物完全無法被消化代謝。最後，足夠的牛磺酸可以預防失明。

安靜的角落

貓是非常愛乾淨的動物，因此為牠們提供適合的如廁地點至關重要。

心愛的人

對貓來說，家是最美好的地方，因為在家裡有心愛的主人等著。在家裡，我們一起玩耍、親呢和生活。

- 貓的習性源於自然環境中的生活，牠們會在戶外不同的地方如廁。牠們不會選擇洞穴，而是選擇有良好視野和無障礙且方便逃跑的地方如廁。
- 作為沙漠裡的動物，貓更喜歡類似沙子的填充物，更重要的是沙子要足夠深，如此排泄物可以被掩埋起來，而不會產生味道。
- 貓盆的數量取決於家裡貓的數量，建議各位主人，始終放置比你養貓的數量多一個的貓盆。

- 貓是具有強烈的行為慣性的動物，牠們傾向於在日常生活中形成固定的習慣或行為模式。對牠們來說，如果你習慣白天外出，貓通常能夠適應主人在特定時間不在家。但長時間獨處，對任何一隻貓來說都不是好事。尤其是純室內貓，在主人離開期間，還是需要有伴侶和娛樂，以免過度思念。
- 當主人出遠門，如果周圍環境中有熟悉的氣味，貓受到的影響會較少。當牠們蜷縮在床上或裹在舊衣服裡時，牠們可以沉浸在彷彿還有主人陪伴的生活裡。最後，保持固定的飲食時間能帶給貓所需的安全感。

加入晨星

即享『50元 購書優惠券』

回函範例

您的姓名：	晨小星
您購買的書是：	貓戰士
性別：	●男　○女　○其他
生日：	1990/1/25
E-Mail：	ilovebooks@morning.com.tw
電話／手機：	09××-×××-×××
聯絡地址：	台中市　西屯區　工業區30路1號

您喜歡：●文學／小說　●社科／史哲　●設計／生活雜藝　●財經／商管
（可複選）●心理／勵志　○宗教／命理　○科普　○自然　●寵物

心得分享： 我非常欣賞主角…

本書帶給我的…

"誠摯期待與您在下一本書相遇，讓我們一起在閱讀中尋找樂趣吧！"

國家圖書館出版品預行編目資料

貓咪獨樂樂生活指南：教牠自己的樂子自己找，成爲一隻自得其樂的喵／海克・葛羅特古（Heike Grotegut）著；吳文祺譯 . -- 初版 . -- 臺中市：晨星出版有限公司，2024.10
　　104 面；16×22.5 公分 . -- (寵物館；124)

譯自：Katze allein zu Haus : Wohnungskatzen glücklich machen

ISBN 978-626-320-934-3（平裝）

1.CST：貓　2.CST：寵物飼養

437.364　　　　　　　　　　　　　　113012346

寵物館 124

貓咪獨樂樂生活指南
KATZE ALLEIN ZU HAUS

作者	海克・葛羅特古 Heike Grotegut
譯者	吳文祺
編輯	余順琪
特約編輯	廖冠濱
封面設計	高鍾琪
美術編輯	林姿秀

■本書中的建議和資訊是作者盡最大的努力、謹慎和細心所編撰，但無法對資訊準確性提供絕對的保證。作者和出版社對任何損失和意外不承擔責任。在運用本書提供的建議時，請讀入個人的判斷力。

■出版社不對本書中提及的網站內容負責。

創辦人	陳銘民
發行所	晨星出版有限公司 407台中市西屯區工業30路1號1樓 TEL：04-23595820　FAX：04-23550581 E-mail：service-taipei@morningstar.com.tw http://star.morningstar.com.tw 行政院新聞局局版台業字第2500號
法律顧問	陳思成律師
初版	西元2024年10月15日
讀者服務專線	TEL：(02) 23672044 / (04) 23595819#212
讀者傳真專線	FAX：(02) 23635741 / (04) 23595493
讀者專用信箱	service@morningstar.com.tw
網路書店	http://www.morningstar.com.tw
郵政劃撥	15060393（知己圖書股份有限公司）
印刷	上好印刷股份有限公司

定價330元
（如書籍有缺頁或破損，請寄回更換）
ISBN 978-626-320-934-3

Original title: Katze allein zu Haus: Wohnungskatzen glücklich machen
Written by Heike Grotegut
Copyright © Verlag Eugen Ulmer
All rights reserved.

The complex Chinese translation rights arranged through Rightol Media.

Printed in Taiwan.
版權所有・翻印必究

| 最新、最快、最實用的第一手資訊都在這裡 |